新 视 域

珠宝首饰设计

（第三版）

上海人民美術出版社

JEWELRY DESIGN

新视域

珠宝首饰设计（第三版）

作　　者：郭　新
责任编辑：孙　青　张乃雍
审　　校：傅　炯
排版制作：朱庆荧
技术编辑：陈思聪
出版发行：上海　人民美术出版社
　　　　　（上海长乐路672弄33号）
　　　　　邮编：200040　电话：021-54044520
印　　刷：上海光扬印务有限公司
开　　本：889×1194　1/16　8.5印张
版　　次：2021年4月第1版
印　　次：2021年4月第1次
书　　号：ISBN 978-7-5586-0875-9
定　　价：78.00元

图书在版编目（CIP）数据

珠宝首饰设计 / 郭新著. -- 3版. -- 上海 ： 上海
人民美术出版社，2021.4
（新视域）
ISBN 978-7-5586-0875-9

Ⅰ.①珠… Ⅱ.①郭… Ⅲ.①宝石－设计－高等学校
－教材②首饰－设计－高等学校－教材 Ⅳ.①TS934.3

中国版本图书馆CIP数据核字(2018)第094684号

前　言

本教材的作用及意义

在人类发展、进步的过程中，创意性思维对整个人类文明的进程起着至关重要的作用。目前，中国处在关键的经济转型期，随着创意产业的兴起，自主设计和研发的产品将在未来的企业中占主导地位。培养有创意思维的设计师是我国教育机构迫在眉睫的任务。首饰设计在创意产业中占有非常重要的一席，更是整个首饰行业实现经济转型的关键。

伴随中国经济 30 年的持续稳定发展，首饰行业经历了从复苏到发展的曲折而漫长的过程。如今首饰的年销售额以成倍的速度增长，预计整个行业未来几年还会继续以更快的速度发展，无论是行业体制、机制还是发展模式，都会发生很大的变化，尤其是在从"加工型"往"创新型"产业结构的转变中，设计师将承担起更重要的任务和使命。以前，国内大部分的首饰厂家都在生产来样加工的产品，首饰设计师在企业中的角色还没有得到应有的重视。但随着企业向创意型企业转变，设计师的重要性将逐渐显现（图 1、2）。

图1 《飞花》项饰系列。银、铜、水晶。　　图2 《飞花》项饰系列。银、铜、水晶。
作者：郭新　　　　　　　　　　　　　　　作者：郭新

如何培养首饰设计师以及培养什么样的设计师，成为了首饰教育界的一个新挑战。虽然首饰这个行业并不新，但在教育领域，还未完全走出"师傅带徒弟"的传统模式，在现代化的教学环境中，首饰艺术与设计专业的发展才刚刚起步（图3、4）。

作者在回顾留学美国经历、总结首饰专业知识、调查研究国内外行业发展并总结自身教学经验的基础上编写了本教材，旨在帮助高等院校、职业院校以及在其他培训机构就读的学生了解国外最新的设计理念和趋势，了解首饰作为艺术创作形式的理念以及商业首饰设计的规则和流程，了解首饰行业的新材料、新技术和特殊工艺，体会首饰作为"手工艺术"的乐趣及魅力。本书中关于如何创建工作室的内容，可以为有意开设首饰设计课程的学校提供一些实际经验，并为将来有意个人创业、自行开设个人工作室的设计师提供比较实用的资料和信息。本教材也可作为非专业学生选修课教材使用。

由于时间及篇幅有限，疏漏之处还需各位同行指正，也盼望同学们在使用该教材时多提宝贵意见，以便以后修正。

郭　新

2013 年 11 月

图3 胸针。铁、金、宝石。
作者：Pat Flynn（美国）

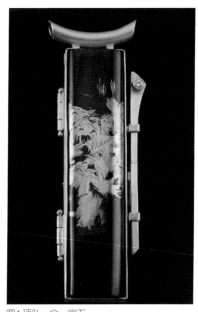

图4 项坠。金、宝石。
作者：Judith Kinghorn（美国）

目 录

前言

第一章 首饰概论   **7**
第一节 首饰设计相关概念   8
第二节 首饰的功能性划分   12

第二章 中外首饰发展简史   **17**
第一节 西方首饰发展简史   18
第二节 中国首饰发展简史   28

第三章 首饰设计的过程及方法   **39**
第一节 设计的概念及目的   40
第二节 灵感来源与素材搜集整理   43
第三节 首饰设计美的法则   48
第四节 首饰设计的表现方法   60
第五节 商业首饰设计的工艺流程及注意事项   69

第四章 首饰材料   **75**
第一节 首饰材料基础知识   76

第二节 贵重金属与非贵重金属   76
第三节 贵重宝玉石与非贵重宝玉石   79
第四节 首饰制作新材料   87

第五章 首饰及金工基础及特种工艺简介   **91**
第一节 镂空工艺   92
第二节 镶嵌工艺   94
第三节 木纹技术   96
第四节 钛、铌金属的阳极氧化着色处理   97
第五节 手工锻造工艺   98

第六章 首饰工作室创建   **101**

附录1 常用术语中英对照   **113**

附录2 专业书籍推荐   **123**

致谢   134

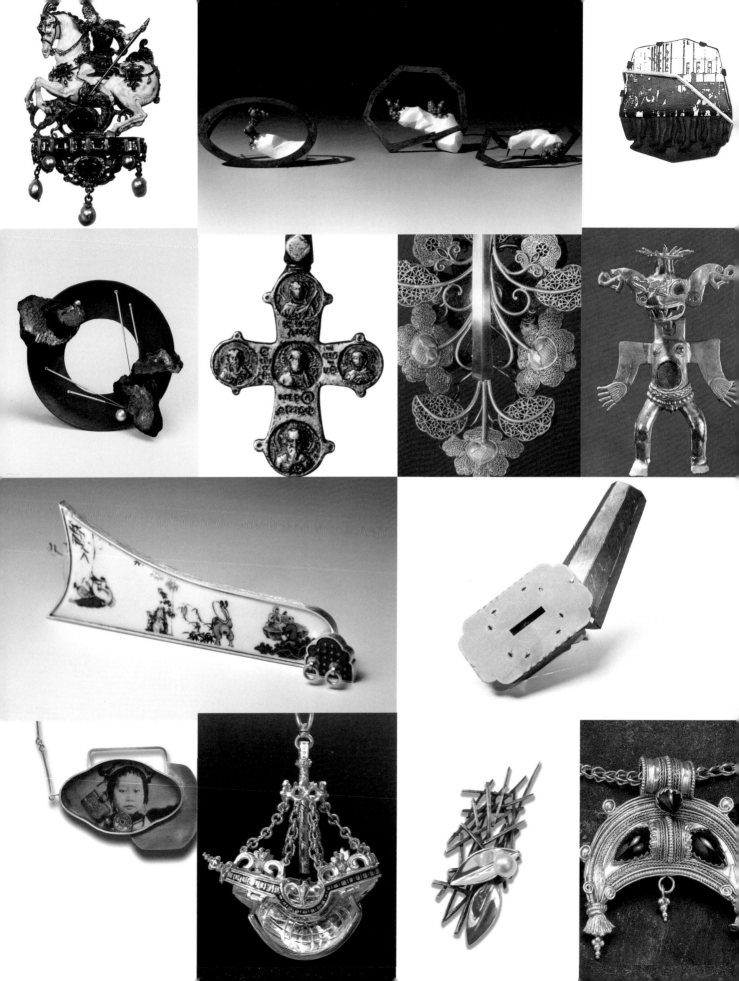

第 **1** 章

首饰概论

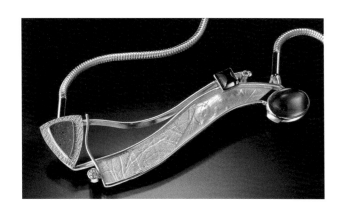

第一节
首饰设计相关概念

目前，国内首饰设计领域中存在各种名称、概念，比较混乱，学生经常问到关于概念方面的问题，因此作者认为有必要先整理、澄清一些关于首饰的概念。如目前对首饰的各种称呼有"古董首饰（Antique Jewelry）""传统首饰（Traditional Jewelry）""现代首饰（Contemporary or Modern Jewelry）""艺术首饰（Art Jewelry）""概念首饰（Conceptual Jewelry）""个性化首饰（Designer's Jewelry）""商业首饰（Commercial Jewelry）""工作室首饰（Studio Jewelry）""假首饰（Fake Jewlery）""时装首饰（Fashion Jewelry）"，等等。在试图归纳、分析各种名称概念时，我们或许可以使用分类法加以明确，以便理解各种概念中的关系。

我们可以从首饰发展历史角度将首饰归类为传统首饰和现代首饰。从创作目的、生产目的以及功能性方面出发，我们可以将首饰区分为艺术首饰、概念首饰与商业首饰。在现代首饰的设计和创作中，艺术首饰、概念首饰的创作是以表达艺术家个人的艺术理念为最主要的目的（图1），首饰成为一种载体形式，其功能性和实用性往往退居其次。这时我们往往用"创作（Create）"而不是"设计（Design）"来表述这一类"作品（Art Piece）"，而不是"产品（Product）"。我们称这类创作群体为"首饰艺术家（Jewelry Artist）"，而不是"首饰设计师（Jewelry Designer）"，他们的创作手法，基本上是艺术家自行设计和制作首饰，材料工艺非常多样化。

图1 项饰：《化蝶》。银、珍珠。作者：郭新

艺术首饰和概念首饰主要不是为市场或商业销售而制作的，因此，与此类首饰相对比，被我们通常称为商业首饰的，即指那些由工厂的设计师设计、由制版师制出母版，再交由不同车间通过不同工序制作、为满足市场需求而大批量生产的产品。

个性化首饰、工作室首饰则是指那些由艺术家或设计师设计、由个人或小型集体工作室或工厂制作的，小批量的、有独特设计风格的、能满足市场上部分消费群体需求的首饰。由于艺术首饰作品通常在"工作室（Studio）"而不是在工厂里被制作出来，有很强的原创性以及手工性，大部分作品都是"孤品（One-of-a-kind Jewelry）"，不适合大批量生产。因此这一类首饰通常也被称为工作室首饰（图2、3），在小型工作室里由设计师和技师制作完成，因此有时人们也称这种小型工作室设计制作的首饰为"工作室首饰（Studio Jewelry）"。

大多数的个性化首饰的制作都有自己的品牌，从产品到营销策划一般都有统一的设计风格（图4、5），比如国内首饰设计品牌"素"近几年就取得了骄人成绩。设计师应该是工作室或品牌的灵魂人物。近几年国内高定珠宝首饰也发展到了一定的水平，比如深圳的TTF品牌。

当首饰产业发展和市场消费都比较成熟时，这必然引起市场的细分。这样，各种方式或渠道的制作模式与经营模式都会在市场中找到自己合适的定位。比如在美国，批量生产的、商业性强的首饰，大多是在品牌店或者连锁店销售，百货公司或服装店大都设有专门的首饰柜台。艺术家或设计师的个性化作品或小批量的产品，则由小型品牌店（前店后厂）、画廊、博物馆和美术馆的礼品店销售（图6-12）。

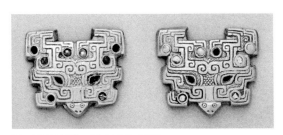

图2 中国传统首饰：镶嵌宝石的金带钩

图3 现代首饰：《Forget me not》。银、刺绣。作者：许嘉樱

图4 戒指。素首饰工作室出品

图5 项坠。素首饰工作室出品

图6 胸针。银、金、大理石。
作者：Lynda LaRoche（美国）

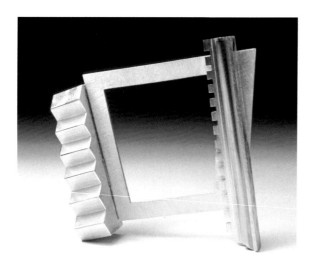

图7 胸针。银、金、大理石。
作者：Lynda LaRoche（美国）

图8 胸针。银、金、大理石。
作者：Lynda LaRoche（美国）

图9 手镯。银、金、各种宝石。
作者：Birgit Kupke-peyla（美国）

图10 耳环、吊坠、胸针组合件"甜蜜"。18K金、象牙、欧泊、钻石、珊瑚。
作者：黄巍巍

图11 胸针"吟"。陶瓷、纯银、水磨石。
作者：宁晓莉

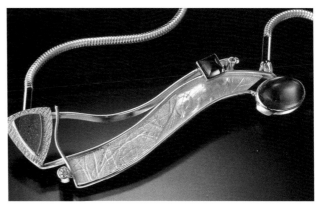

图12 项饰。银、宝石、金。
作者：Birgit Kupke-peyla（美国）

第二节
首饰的功能性划分

首饰作为一种古老的艺术形式，经过千百年来的发展，已经与人们的生活息息相关。距今发现的最古老的首饰，是原始部落遗留下来的用石头、贝壳等自然材料做成的首饰。我们不能确定的是，这些首饰到底是出于装饰的功能还是出于宗教仪式需求才出现的，也许两者都有。对审美的需求是人类本性之一，首饰可以说是与人体最密切相关、最亲近的艺术形式之一，作为审美、装饰、避邪、纪念等目的而产生的首饰是人类文明不可或缺的一部分。可以说，只要有人类的存在与发展，就会有首饰的存在与发展。

首饰是通过设计的方式把艺术性转化成的可以佩戴的装饰物品。正是因为首饰的这种实用性和艺术性密切相结合的特性，它独立于其他艺术形式之外而形成自己独特的语言。原始的首饰最主要的功能有满足审美的需求、对身体进行装饰、部落图腾崇拜、与巫术相关的某种通常具有"医治"功能的物件、身份地位的象征、特殊节日的纪念等。我们可以大致将首饰最主要的几个功能或价值表现形式归纳一下。当然，同一件首饰可能具有几种不同功能。

一、宗教、图腾崇拜、巫术和魔术性功能

原始人类相信自然界中存在超自然的神秘力量，他们通过披戴羽毛、佩戴贝壳或石头类饰物来帮助自己获得某种超自然的能力，表达对美好事物的向往、对未知世界或神灵的敬畏等情感，进而延伸至作为部落图腾如鹰等的崇拜仪式。首饰在图腾崇拜、祭天祈福、庆祝丰收等仪式中通过各种表现形式参与社会活动。通过对身体某些部位的穿孔、涂鸦或佩戴饰物等手法，原始部落的人们表达了对自然、社会关系等的理解与维护。人们将某些饰物作为护身符等用来吓退邪灵或死亡，并期望带来身体的医治等。后期金属等材料的发现及应用带来了全新的首饰面貌的改变。金、银、宝石等的使用为制作配饰或敬拜用的神像等提供了更多的技术工艺及表现手法。

纵观历史，似乎世界上的每个民族在发展过程中都经历了某些图腾崇拜或巫术仪式，甚至至今仍受其影响。如埃及人的蛇形头饰体现了埃及人对蛇的神秘力量的惧怕及崇拜，中国人对龙、凤等的图腾崇拜，

图13 地下出土的原始社会时期的首饰和饰物

图14 地下出土的原始社会时期的首饰和饰物

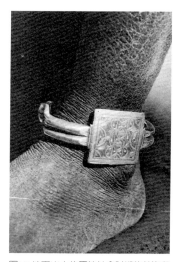

图15 地下出土的原始社会时期的首饰和饰物

图16 玉饰。中国战国时期

图17 皇冠——王权的象征

图18 部落首饰。金。哥斯达黎加

佛教中对菩萨、弥勒佛等的崇拜从古至今深深影响着现代中国人的配饰。因此，首饰的社会功能表现在不同的社会文化、宗教仪式中（图13-15）。

二、首饰的象征、寓意功能

在人类社会生活中，通过时间和文化的积淀形成了许多具有象征意义的形式或符号（图16）。比如戒指、权杖、皇冠等，在许多社会中曾经或仍然是权柄的象征，首饰也曾经是皇权贵族的专用品，普通老百姓是禁止佩戴首饰的（图17）。在古代西方国家，古老的戒指上的符号象征了皇权、贵族徽号、特殊身份等。钻戒已经作为"忠贞、爱情"的象征，被广泛用于订婚、结婚仪式；大部分社团、组织、机构也都有

自己的徽章或标志，这些都是首饰所承载的象征性功能的体现（图18）。

在首饰设计中，许多动物、植物也都因为不同文化赋予的象征意义而被广泛地用于首饰的设计。现代首饰艺术家们也非常注重首饰的象征意义，他们利用首饰所承载的特殊符号或形式进行艺术表达。如美国艺术家 Pat Flynn 创作的心形胸针。

三、首饰的纪念性功能

在人类生活中，有意义的特殊的日期或事件的纪念常体现在首饰中。如订婚及结婚戒指在恋爱婚姻关系中的作用就是相当有力的证明，虽然它是源于西方的一种纪念方式，但今天已经被东方人广泛接受。另外，人们每逢生日、毕业典礼、退休、结婚纪念日等重要节日时，也都会想到以首饰馈赠亲友，以纪念这些特别的日子。

四、首饰的审美功能

首饰的审美功能如今越发受到重视，配饰品也逐渐成为人们日常消费的一大类，比如男士的领带夹、袖扣，女士的项链、胸针、手表等，都在很大程度上满足了审美需要。一些非贵重材料制作的首饰，如贝壳、木头、布、纤维、塑料等"廉价"材料制作的以及为了搭配服装而佩戴的"时装首饰"也逐渐被广大消费者接纳。

五、首饰的艺术表现功能

艺术家们在创作中通过对自然、人性、思想、材料、工艺等的探索，传达信息、疑问、挑战、求索的思想情感。正如油画布和颜料之于画家，金属、石头等各种材料对于首饰艺术家来讲，也是表达思想、抒

发情怀的媒介。因此，首饰在某种程度上已经超越了传统观念赋予它的功能和价值，成为纯粹艺术的表现形式，这在现代首饰中体现得最为彻底（图19）。此类首饰通常被定义为"艺术首饰"或"概念首饰"，这在之前已有阐述（图20）。

概念首饰旨在挑战人们对传统首饰概念的再诠释、再思索。它提出疑问，指出不同的可能性，也鼓励人们去直面棘手的问题，关注社会、人生、环保等问题。因此，艺术首饰或概念首饰的目的在于思想、观念的表达，它们更像是艺术品，而不像是"首饰"（图21）。它所关注的是触及人们灵魂深处的思想等问题。它颠覆了首饰作为依附于人体而存在的配件的角色，将人体转化成为活动的画廊、流动展示作品的舞台，人体成为一个活动的展架或可以和作品互动的客体。目前，艺术首饰在我国的发展尚属起步阶段，仅仅限于高校首饰专业中的教师和学生（图22-25）。

图20 《流年》系列之一。银、现成物、珊瑚、珍珠、照片、树脂。
作者：胡世法

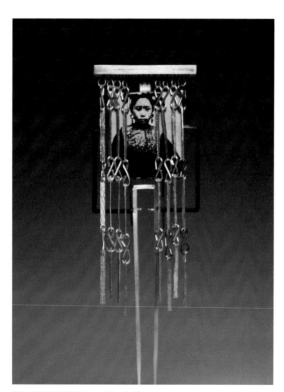

图19 锁深秋系列之一。银、白铜。
作者：徐枕

图21 身体装置。银、镜片。
作者：朱鹏飞

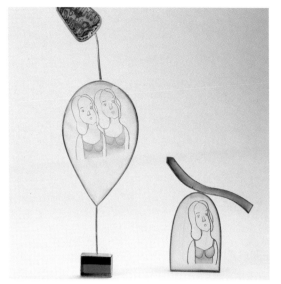

图22《求签》系列之一。绢、银、亚
克力。作者：倪晓慧

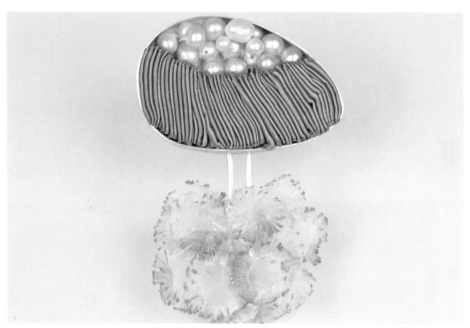

图23《鳞》系列之三。鱼鳞、银、绸带、珍珠。
作者：郑植文

图24《城》系列之一。钛金属。
作者：段燕俪

图25 戒指系列之二《致我们消失的家园》。银，珍珠。
作者：郭新

第**2**章

中外首饰发展简史

关于首饰的起源众说纷纭，例如劳动说、巫术说、审美说、生殖与性吸引说等，因此说明首饰的起源不是单一的，而是多元的。

在考古出土的石器时代的人体装饰品中，我们可以猜测许多最初的"装饰品"与生产劳动有着密切的关系，原始社会时期，人们在身上佩戴几支可以钻孔的兽角，头发上插一支骨针、骨锥，随时取下来便可以缝纫、挖掘食物、剥取兽皮，或者通过伪装成动物形象进行狩猎。此时的首饰可能是装饰功能与实用功能相结合的。比如中国发现的石器时代首饰与在西方考古发现的许多同时期首饰，刚开始都是用兽骨、贝壳、树叶等自然界中随手可得的材料制成的，如项链、耳环、脚链等（图1、2）。后来金属开始进入首饰制

造领域。人们又发明掌握了制模、浇铸等工艺。在金属器皿的制造方面，丹麦皇家银器的制作与中国宫廷器皿的锻造工艺相差无几，古代人民的智慧似乎是相通的。可见首饰饰品的制作和欣赏是人性中对美的基本的需求与表现。巫术、神灵崇拜、图腾崇拜、宗教在原始人的生活中占有重要的地位。同时，原始人类最初佩戴野兽的牙、角、爪，体现对勇敢、灵巧、力量、美丽等观念的憧憬、向往等。

本章篇幅有限，我们也只能简单地回顾一下首饰发展过程中比较有代表性的时期或表现形式。关于西方部分，我们摘选不同国家的不同历史时期，简述首饰发展中重要的事件、形式等；而中国部分，我们将从比较有特色的首饰形制角度进行阐述。

图1 新石器时代的手镯

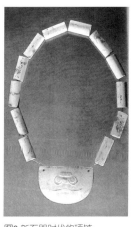

图2 新石器时代的项链

图3 Shubad皇后的头饰

第一节
西方首饰发展简史

一、苏美尔（Sumer）时期的首饰

据载在公元前4000年左右，西方人首次使用金属首饰，而在西方最早制作黄金首饰的是苏美尔人。苏美尔人是波斯高原的游牧民族，他们迁徙到美索不

达米亚地区，造就了古代苏美尔文明。苏美尔人可以把黄金敲打成极薄的金箔，用金箔制成的树叶花瓣可以像流苏一样悬挂着。如出现在公元前2600年的Shubad皇后所陪葬的头饰就极其华丽，它以黄金、天青石和光玉髓制成，与头饰放在一起的还有金耳环

图4 埃及圣甲虫首饰

图5 古代圆柱形印记

图6 图章戒指

图7 古希腊金丝工艺首饰

及以黄金、天青石和光玉髓串成的项链（图3）。苏美尔首饰相信死去的人只不过是到了另外一个世界，在那个世界里他们会继续生活，所以在许多古代帝王贵胄的陵墓里都发现有大量的殉葬品。

二、古埃及时期的首饰

古埃及早期的首饰是埃及人宗教生活的具体体现。这些首饰以各种象征性图案纹样出现，如太阳纹、鹰、蛇、圣甲虫（即屎壳郎）等。圣甲虫被古埃及人视为力量的化身。究其原因，乃是因为圣甲虫具有无比强大的力量，能把比自己重许多倍的粪球推动或举起来，埃及人认为它一定有着某种神奇的力量，因此把它作为崇拜的对象（图4）。古埃及人还特别崇拜蛇，在法老的面具及头饰上经常有蛇的纹样。

古埃及人首饰工艺上取得的最大成就是色彩的组合和运用。苏美尔人发明的金属制造工艺技术，古代埃及人也都掌握了。古埃及人还是镶嵌工艺大师。在公元前1600年左右，古埃及的首饰工艺达到辉煌的巅峰。古埃及人把圆柱形印记当作首饰佩戴，成为贵族的身份象征。大约公元前6世纪，底部平坦的图章形印记渐渐地取代了圆柱形印记（图5），而圆柱形印记的流行又促成戒指的发展，于是图章戒指诞生了。到了新王国时期，实心的图章戒指（图6）被铸造生产出了。

三、古希腊时期的首饰

金属工艺在希腊工艺美术领域中颇为兴盛。早期的希腊金属工艺明显受到古代埃及的影响，形式单纯、表现有力，并且多用圆、三角形等几何纹样装饰。古希腊的首饰有非常丰富的装饰性，它们有高超的金丝工艺，以螺旋形和波浪形装饰纹样居多。绿宝石、珍珠、玛瑙是古希腊首饰常用的宝石材料（图7）。

四、古罗马时期的首饰

最初古罗马的首饰无论是在造型上还是制作上都承袭了古希腊的文化传统。随着时间的推移，古罗马在首饰造型上的简单朴素替代了传统的精致。古罗马人的首饰形状大多是简洁的圆盘状和球形状（图8）。古罗马人爱佩戴耳环，当时流行的两种新款式的耳环，一种是半圆形的盘状耳环（图9），另一种是吊灯状耳环。在古罗马，男人和女人手上戴一枚或多枚戒指的行为被广泛接受，据传是古罗马人率先将戒指当作订婚和结婚的标志。镶嵌硬币的戒指是整个帝国时代最流行的首饰（图10）。

公元2世纪，古罗马人的首饰采用了两项新技术：一是浮雕细工技术（图11），二是乌银镶嵌技术。据说古罗马人第一个将这项技术用于首饰制作。他们的第三个重要发明是充分利用了合适的宝石来配色首饰（图12）。

五、拜占庭时期的首饰（公元330年）

拜占庭时期是基督教艺术的典型时期，因此拜占庭的首饰设计中也广泛涉及十字架以及基督圣像的图案（图13）。拜占庭的首饰造型图案极其华丽。拜占庭的首饰工匠沿袭了古罗马耳环首饰的两个基本造型——船形和悬垂形。悬垂形耳环让人想起了古希腊鼎盛时期的精致垂饰，这些制作精细的垂饰虽被古罗马人简化了，但又被拜占庭人重新加以精心制作。透雕工艺技术和珐琅彩饰技术发展到一个新的高度（图14）。拜占庭人制作首饰的材料和古罗马人基本一样：黄金、宝石、次宝石和玻璃。他们将透雕工艺技术、珐琅彩饰技术和金丝细工用于船形耳环（图15）。戒指的样式与古罗马的一样，戒指仍有订婚的意义。因为基督教不相信死者能将殉葬的东西带到另外一个世界去享用，因此将首饰和亡者一起埋葬的习俗到拜占庭时代基本结束。

图8 圆顶型建筑

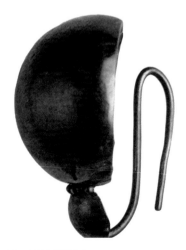

图9 古罗马时期的耳环

图10 镶嵌硬币的戒指

图11 浮雕戒指

图12 宝石配色首饰

图13 十字架挂坠

图14 拜占庭时期的挂坠

图15 船形耳环

六、哥特式风格的首饰（13 世纪至 15 世纪）

哥特式的时代始于 14 世纪，结束于 15 世纪中期。哥特式风格植根于古罗马的艺术风格，在法国西部得到发展，继而遍及全欧洲。"天使报信"胸针首饰可以说是 14 世纪最优秀的哥特式首饰典范之一（图 16）。它的设计描述了天使加百利向圣母玛利亚报告她将借圣灵怀孕生子的消息。玛利亚的神态庄重、顺服，两者中间以百合花为装饰，象征玛利亚童女怀孕的纯洁，周围饰以各种宝石，华丽而不俗，大方而典雅。

15 世纪发明的宝石琢磨技术使珠宝首饰进入了一个实质性的发展阶段。在这之前，镶嵌在首饰上的钻石仅仅是未经任何琢磨的自然原始状，15 世纪时，工匠可以把钻石从中间切下一个单一的结晶体，从而得到两个棱锥体（图 17）。宝石琢磨技术的发明不仅极大限度地发掘出宝石内在的美丽，而且大大提高了钻石和其他宝石的身价。

13 世纪早期，王室和教会独占珠宝首饰的享用权。13 至 14 世纪早期是显贵的王室珠宝首饰的时代，尤其是数量极大的各式王冠（图 18）。那个时期所有种类的珠宝首饰不是为了日常的装扮，而是被用于庆典的重大场合。

七、文艺复兴时期的首饰（16 世纪至 17 世纪）

在中世纪人们的世界观里，神是生活的中心。人在神的面前是卑微有罪的，等待被审判和被拯救。因此大部分的艺术和设计都围绕宗教题材，为宗教场所的敬拜和教育目的而创作和设计的。随着启蒙运动和人文主义的兴起，经过文艺复兴运动后，人逐渐代替

图18 王室珍珠镶钻王冠

图16 "天使报信"胸针

图17 钻石项坠

图19 圣乔治和天龙马项坠

图20 Canning Jewel

了神在人们生活中崇高无上的地位，以人为中心的事件成为文艺复兴美术创作的主题。文艺复兴的艺术风格也影响和渗入到珠宝首饰中，人物塑像的图案出现在珠宝首饰上，如油画圣乔治和天龙马项坠（图19）。文艺复兴时期珠宝首饰的最精美的典范要数维多利亚和阿伯特博物馆的"Canning Jewel"，这是一件诞生于16世纪后期的意大利项坠（图20）。由于项坠在服饰中的重要作用，它在珠宝首饰中占有一个特殊的地位。项坠的设计主题和造型多种多样，主要有宗教、神话、寓言和动物主题。由于航海技术的提升和发展，意大利、英国和西班牙比较喜欢以船为主题的首饰设计（图21）。

浮雕像的雕刻是这个时期的最大特色。宝石镶嵌工艺、珐琅技术及透雕细工等高超技术都在这个时期的首饰中充分体现。文艺复兴时期的珠宝首饰除了具有浓郁的宗教及社会意义外，同时又是服装的必不可少的组成部分，是荣誉和特权的表现，珠宝首饰在公众生活中扮演着重要的角色。

八、17 世纪的首饰

17世纪的首饰设计以花卉图案为基调。项链和项坠最受欢迎，轻盈的蝴蝶结是主要造型之一（图22）。

17世纪上半叶的战争和瘟疫带给欧洲恐怖和死亡，这就产生了以死亡为主题、以黑色为主的哀悼首饰，这类首饰引发的另一个结果是引进新材料——煤玉，后来煤玉成了非常流行的首饰材料（图23）。值得一提的是英国的哀悼首饰，自1861年阿伯特亲王逝世后，女王维多利亚的那枚嵌有阿伯特亲王肖像画的别针再也没摘下来过，女王甚至颁布法令，这期间只能佩戴黑色首饰。哀悼首饰的材料种类很多，煤玉、珐琅、黑玻璃，甚至是死者的一缕头发，其中最受欢迎的材料是煤玉。17世纪的前半个世纪，整个欧洲饱受战争和政治动乱之苦，因此那个时期为陷入贫困的王室和私人制作的珠宝首饰的数量非常有限。17世纪首饰制作的最大发展是宝石玫瑰形琢磨法。钻石一跃成为身价百万的不可缺少的镶嵌盛宴的主角。镶嵌宝

图21 以船为主题设计的项坠

图22 以蝴蝶结为主要造型的项坠

图23 以煤玉为材料制作的十字架

图25 1922年卡地亚镶钻项链

图24 洛可可风格的胸针

石的爪形底座开始普遍运用到首饰镶嵌工艺中,这是首饰走向轻便小巧的关键一步。

九、18 世纪至 19 世纪的首饰

19 世纪前期的首饰深受当时各种美术流派的影响,产生了繁琐华丽的洛可可风格(图24)。洛可可式首饰采用不对称图案和鲜艳的颜色,广泛采用了彩色宝石和珐琅彩釉,尽显首饰的富贵华丽。在 17 世纪末,宝石能够被琢磨出 56 个刻面,多角形琢磨法替代了只有 16 个刻面的玫瑰形琢磨法,这种琢磨法最大限度地开发和利用了钻石对光的反射和折射特性,于是在 18 世纪上半叶,钻石几乎超越了其他宝石而独占鳌头。18 世纪上半叶的首饰轻巧精致,用在宝石镶嵌底座上的材料少之又少,被减至最低限度,

后来人们又采用底部镂空的镶嵌底座,首饰分量更轻了。在 17 世纪中期已经有了人造宝石的制造行业。到了 18 世纪,人造宝石有了合法的交易市场,成了一种新的材料艺术形式。人造宝石是珠宝首饰历史上最重大的革新,随之而来的是冶金术。现在国际上的许多著名品牌都是那一时期形成的,如 Tiffany(蒂凡尼)、Bvlgari(宝格丽)、Cartier(卡地亚)等(图 25)。

十、英国"手工艺运动"对首饰的影响

"手工艺运动"通常被看作是"新艺术运动"的先导,它起源于 19 世纪下半叶英国的一场设计运动。1851 年英国举办的第一次万国博览会展示了工业革命的成果,同时也让一些先觉的知识分子发现,工业

化批量生产致使家具、室内产品、建筑的设计水准明显下降。相对于手工制作的产品，这些机器生产的产品似乎失去了灵魂和精神而变得粗制滥造和千篇一律，于是其中的一些人开始梦想改变这种令人沮丧的状况。这场运动的最主要的代表人物是批评家约翰·罗斯金（John Ruskin）和艺术家兼诗人威廉·莫里斯（William Morris）。

罗斯金非常反对机器化生产，而莫里斯则反对工业制品设计上模仿手工制品的"不诚实"做法，他们主张回溯到中世纪的手工艺传统中。但他们所提倡的主要由手工制作的产品因为高品质的设计和缓慢的制作过程而变得昂贵，不可避免地成为只有少数人可以消费得起的"奢侈品"，这恰恰违背了他们最初的意愿。"手工艺运动"对首饰的影响到了后期新艺术运动时期才逐渐显露出来，首饰制作受到工业化影响是比较晚的事，因为首饰行业一直是手工作业高度密集的产业之一，在很大程度上依赖手工，直到现在仍是如此。

十一、新艺术时期的首饰（1895 年至 1910 年）

"新艺术运动"（Art Nevoau）是 19 世纪 80 年代初在"手工艺运动"作用下，影响整个欧洲乃至美国等许多国家的一次相当大的艺术运动。与"手工艺运动"不同的是，"新艺术运动"时期的艺术家和设计师们意识到技术的进步可能带来的积极影响，正如莫里斯后期认识到的，他主张人们应该"尝试做机器的主人"，而不是逆着历史潮流一意孤行。他们致力于在实用艺术领域里发展一种自然而现代的风格，并从中世纪、巴洛克、东方如日本艺术中吸取灵感，借鉴自然中的植物、昆虫和动物形态，作适当的简化处理，形成了令人印象深刻的具有曲线风格的装饰效果。

这一时期艺术家们从自然形态中吸取灵感，以蜿蜒的纤柔曲线作为设计创作的主要设计语言。藤蔓、花卉、蜻蜓、甲虫、女性、神话等成为艺术家常用的

图26 以花开、藤蔓为设计主题的新艺术时期首饰

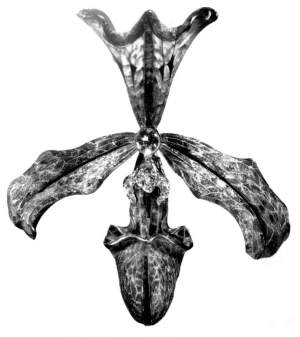

图27 以花卉为设计主题的新艺术时期首饰

主题（图 26、图 27）。他们的作品表现出一种清新的、自然的、有机的、感性的艺术风格，因此被称为"新艺术风格"。在新艺术时期的珠宝设计中，贵重宝石如钻石的使用比较少，而玻璃、牛角和象牙因为很容易实现预期的色彩和纹理的效果，被广泛使用。这也是新艺术时期首饰作品的重要特征之一（图 28）。

新艺术时期首饰最有代表性的要数勒内·拉利克（Rene Lalique）创作的首饰作品。他是法国杰出的新艺术时期的天才设计师，拉利克已经成为一个经典的品牌，所设计的产品至今都一直是人们争相收藏的珍品。他在设计中应用大量的写实的昆虫、花草、神话人物等形象，线条婉转流畅，色彩华丽而不俗，这也是新艺术时期艺术风格的代表。这枚蜻蜓胸饰是拉利克最为著名的作品之一，他对蜻蜓翅膀精心雕琢的处理使之看上去极富透明的质感，充满了灵逸和生动（图 29）。

在新艺术时期的珠宝设计中，珐琅彩绘技术在首饰制作上被发挥得淋漓尽致。新艺术时期的首饰是最具有装饰性的，希望为大众提供独具个性的实用艺术品，但最终还是因为手工性太强而导致价格昂贵，非普通大众能消费得起。虽然违反了运动发起者们的初衷，但是这一运动却为后来现代首饰的发展立下了不可磨灭的功勋。

十二、现当代的首饰（1910 年至今）

我们也许可以暂且把"现代首饰"的分期定在 19 世纪末至今的一段时期。现代艺术运动对首饰的影响也非常大，尤其是对"艺术首饰"的影响是显而易见的。有人甚至说："现代艺术首饰根植于现代艺术的土壤中。""现代首饰"相对于传统的首饰而言是一种继承、创新与反叛，它在材料、技法、表现形式上都非常不同于传统首饰，而且现代首饰的发展与现代艺术的发展有着密切的关系。

现代艺术运动中具代表性的艺术家中如达利、毕加索、亚力山大·考德尔等许多人都对首饰这种独特的表现形式产生过浓厚的兴趣，他们的艺术风格从不同方面影响了现代首饰设计的创新。例如达利以他油画中著名的变形钟表为灵感设计的胸针，充分体现了超现实主义艺术风格（图 30）。

图28 新艺术时期首饰的色彩和纹理

图29 蜻蜓胸饰。
作者：Rene Lalique（法国）

图30 达利根据他著名的变形钟表设计的胸针

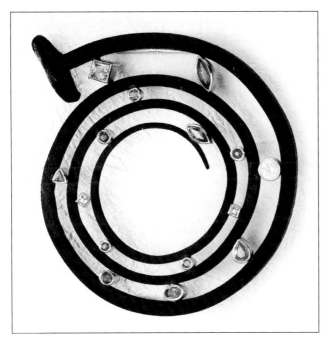

图31 铁与贵重宝石的结合。
作者：Pat Flynn（美国）

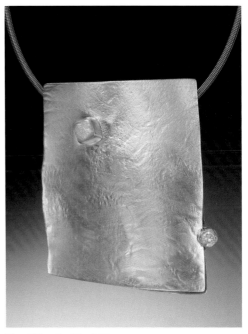

图32 吊坠。金、银、钻石。
作者：Deborrah Daher（美国）

现代艺术作品中多种材料的使用和技法的创新也为首饰设计带来灵感。在现代艺术流派中非常重要的立体主义、极简主义、象征主义、表现主义等对首饰的影响也非常明显。比如现代首饰设计师们钟爱的几何形首饰的大量出现，就受了立体主义和极简主义的影响。

现代首饰创作在很大程度上摆脱了传统首饰严密、繁复的工艺程序，变得相对自由、简洁。但其创作主题、材料选择等都已发生了改变。首饰的设计和制作从很大程度上讲是手工劳动密集型的行业，我们在从事"手"的劳动或艺术创作时总是会体验到非常大的快乐感、成就感和满足感。

现代科技的发展更为首饰的制作提供了无限多的空间。因此，首饰的设计与制作很容易成为向大众普及的艺术课程，在发达国家如美国，首饰课程面向大众开放，成为提高大众艺术修养、放松身心、医治心灵、缓解压力等的好方法。许多人最初只是把它兴趣爱好，后来发展成为自己的职业。图31、图32是不同的设计师在一年一度的巴尔的摩手工艺术展览会上展售的胸针作品。此类型的展会为艺术家和设计师们提供了非常好的交流平台，也为收藏者与艺术家搭起了沟通的桥梁，许多顾客为了能够看到他们喜欢的设计师的新作品，专门赶到展览会，作品的价位也符合多层次消费群体，从几十美元到上万美元不等。

西方首饰的发展在教育、体制以及市场配套系统上都已经非常完善，从西方首饰简单的历史发展中我们可以了解并学习借鉴一些经验。

第二节
中国首饰发展简史

一、中国首饰发展概述

漫长的文明史和深厚的人文积淀使得中国首饰成为一种独特的文化符号，凝结了中国的民族特色和文化精神。在中国，首饰的产生、发展乃至鲜明风格的形成都与我国历史文化传承和多民族聚居的民族背景有着密切的联系。从考古发掘来看，我国在旧石器时代中期就有镂空骨板装饰品出土。悠久的文明史也造就了我国工艺技术的发展与提高，无论是玉石的加工还是金属的运用，都达到了炉火纯青的地步。辽阔的国土孕育了风格各异的民族文化，各民族的交流与融合形成了我国首饰形式多元化的特征，即形式上既有本民族的传统形式，又包含消化吸收外来文化的成果，既有中华民族相对鲜明统一的民族风格，又有各地区各民族的区域性差异。

严谨的等级观念、宗教内涵也是中国传统首饰的重要特征之一。首饰作为服饰的重要组成部分带有浓重的礼教色彩，成为"分贵贱，别等威"的工具。如

《礼记·玉藻》中对佩玉制度有如下的记载："天子佩白玉，公侯佩山玄玉，大夫佩水苍玉。"而我国很多首饰本身就带有浓厚的宗教色彩，或者带有明显的"辟邪祈福"的功利愿望，例如"璧"本身不仅是简单的人体装饰，而且在东周时期还被当作祭天的礼器来使用；我国明清时期银饰中的那些莲花、牡丹、佛手、蝙蝠等纹样装饰都是首饰传达辟邪祈福愿望的例证（图33、图34）。

二、中国的首饰种类及演变

我们通常会按照首饰的装饰部位不同，将首饰分为发饰、耳饰、颈饰、手饰、冠饰、配饰及其他几类。为方便叙述，下面我们就以首饰的装饰部位为主线，介绍我国常见的饰品及其演变历程。

■ 1. 发饰

在整个首饰体系中，发饰的式样最多。发饰与发型有着密切的联系，有什么样的发型就会产生与其相

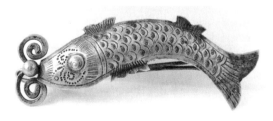

图33 清朝鱼纹银质发卡

图34 清朝佛手纹银质发卡

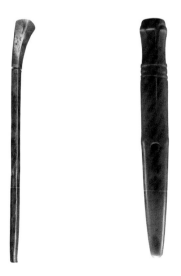

图35 同材质的束发器：金笄　图36 不同材质的束发器：玉笄

适应的发饰，特别是古代妇女变化多样的发髻样式，为发饰式样的丰富起到了重要作用。我国的发饰常见的有笄（或称簪）、钗、步摇、胜、栉等几种。

① 笄与簪

笄是绾髻固冠的用具，在秦汉以后改称"簪"。按照古代礼制，女子年满 15 岁将正式改梳成人的发髻，插上"笄"把头发挽住。男子除了也用"笄"束发以外，还用"笄"固冠，即把冠体和发髻相固定，这种固冠的"笄"一般是横插在发髻之中，故又称"横笄"或者"衡"（图 35、图 36）。

到了秦汉以后，发簪的材料由原来的竹木、玉石、蚌骨发展成玉、铜、金、银、玳瑁、琉璃、翠羽等贵重的材料。制簪的工艺与形式也日趋考究、繁复，逐渐转变为贵族妇女塑造、美化发式的重要装饰物，甚至成为炫耀财富、区别身份的重要标志。从东汉开始，

假发髻的流行使汉代妇女的发簪数量增多，形制增大，长度多在 20 厘米左右。到了唐代，花钗礼衣制的实行，更将发饰盛装推向了极致。不同等级的妇女花钗礼衣的制式有所不同（图 37、图 38）。直到明代以后高髻之风才日渐式微，明代的镶嵌、花丝、錾刻、制胎等综合工艺已经十分成熟。大量带有吉祥寓意的簪钗在清代格外流行，题材主要包括祥禽瑞兽、花卉果木、人物神仙、吉祥符号等（图 39）。

② 钗

钗字古代又写作"叉"，簪由原来的单股演变为双股后被称为"钗"，但两者也往往互相混称，尤其是顶端装饰越复杂的，其相互混称的可能性就越大。实用性的钗起着束结头发的基本功能，这种发钗被称为素钗。以装饰为目的的发钗又被称为"花钗"（图 40-43）。

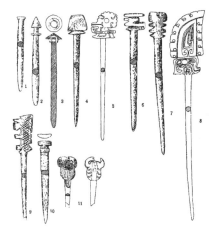

图37 殷墟妇好墓出土的骨笄

图38 壁画中头戴花钗的唐代妇女形象

图39 带有吉祥寓意的饰品

图40 双股银钗

图41 花钗

图42 花钗

■ 2. 耳饰（耳环与耳坠）

耳饰的佩戴分为两种，一种是穿耳配饰以耳环与耳坠为代表，另一种则是以珥为代表的不穿耳佩戴的饰品。穿耳之俗由来已久，商周时期的出土物品中就屡有穿耳人形器出现，直到宋明以后才开始在全国妇女中盛行穿耳戴坠的习俗。商周时期的耳环多为青铜制品，金质耳环也时有发现，商代的金质耳环的形制为：一端锤打成尖锥状，以利穿耳，另一端锤打成喇叭口状（图44）。

宋代穿耳之风盛行，耳环样式层出不穷，材质也相当丰富。辽金时期的耳环以青铜、金质为主，多镶嵌玉石，其形制巧异，工艺精美，这与北方少数民族长期制作佩戴耳饰有直接的关系。明代耳饰工艺精绝，特别是以累丝镶嵌工艺见长，以葫芦形耳环最为常见（图45）。清代耳环品种及样式极多，繁简不一，简单的只是光素的银环，而复杂的则錾刻、镂空、模压、焊接等诸多工艺齐集（图46）。

■ 3. 颈饰

颈饰是人体装饰的最早形式之一，早期主要是石珠、石管、蚌壳、兽牙，晚期则多使用贵重材料彰显财富，玉、玛瑙、水晶、琥珀、珊瑚、金银、珍珠等都常常成串出现在人们的颈部装饰上。念珠和朝珠也是串饰的重要品种，特别是朝珠，作为清代品官朝服上的装饰品，其数量为每串108颗，由贵重材料组成，文官五品、武官四品以上以及部分特定官署的官员才有资格悬于胸前，作为礼服的一种颈饰（图47）。

唐宋时期的项圈形制与现今苗族的片状錾花项圈相似，圆形，扁片状，表面锤錾出各种花纹。而到了明清，项圈则专属于儿童，不再是简单的装饰，而是作为祛病辟邪的象征物，名为"长命锁"（图48-50）。

图43 明代累丝嵌宝衔珠金凤

图44 商代金质耳珰

图45 明代葫芦形金质耳环

图46 玉兔耳环

图47 清代官员的朝服和朝珠

图48 长命富贵纹长命锁

■ 4. 手、臂饰

古代称臂环为"钏"，镂刻有花纹的，称"花钏"，素而无纹的，称"素钏"（图51）。

手镯是一种最古老的首饰形式之一。在我国许多新石器时代遗址中考古学家均发现了陶环、石镯等古代先民用于装饰手腕的镯环。西汉以后，由于受西域文化与风俗的影响，佩戴臂环之风盛行，也就是上文提到的臂钏。唐宋以后，手镯的材料和制作工艺有了高度发展，有金银手镯、镶玉手镯、镶宝手镯，等等。造型有圆环型、串珠型、绞丝型、辫子型、竹子型等。到了明清乃至民国，以金镶嵌宝石的手镯盛行不衰。饰品的款式造型和工艺制作都有了很大的发展（图52）。

■ 5. 指环、戒指

戴指环是原始社会流传下来的风习，戒指和指环也被称为"约指"。早在大汶口—龙山文化时期的墓葬中已有骨戒指出土，有的戒指上还嵌有绿松石。扳指，又称搬指或班指，是古人射箭时戴在大拇指上拉弓用的工具，用象牙做的指环佩戴在右手拇指上，后来用玉，并逐渐转化为装饰品（图53）。

图49 宋代童子牡丹纹银镀金项圈

图50 唐代双雁卷草纹银项圈

图51 唐代金镶玉手镯

图52 牡丹纹银质手镯

图53 玉扳指

除了形制之外，在所有首饰材质中，不得不提的是在中国首饰中独树一帜的玉文化。玉佩是古代君子必不可少的一种装饰品，所谓"古之君子必佩玉"，"君子无故，玉不去身"。玉佩种类繁多，有的单独使用，有的成组出现，既有礼玉性质又有装饰功能，它是权贵身份的象征。战国时组玉佩制度发生重大变化，它不再是颈部装饰物，而是转为革带上的装饰品，其影响深远；玉雕更是我国工艺美术史上非常重要的一朵奇葩，有关这方面书籍比较多，此处就不赘述了。由于中国人对玉的偏爱，直到如今仍有许多人收藏玉首饰。只是，目前大多数玉首饰的设计还比较保守、传统，亟待创新突破陈旧的设计思路，创作出更符合现代人审美的优秀作品（图54、图55）。

三、中国的少数民族饰品

中国首饰还包括民间首饰和少数民族首饰。民间首饰与时令习俗有关。汉族的香包，苗族、侗族的银首饰，苗族、黎族、高山族的梳子等，都是有特色的民族首饰，它们往往带有象征吉祥和爱情的寓意。作为服饰的主要辅助手段，我国各民族在条件许可的情况下，都非常讲究首饰的佩戴（图56）。蒙古、藏、羌、彝、白、哈尼、傣、佤、纳西、景颇、苗、瑶、畲、侗、水、布依、壮、土家、黎、高山等近四十个民族都喜用银饰（图57）。其中苗族银饰品种之繁多，款式之丰富，可说是我国五十多个少数民族之冠，世界上恐怕没有其他任何民族能与之相比。苗族流传至今的花丝工艺也是首屈一指。

图54 环形玉佩　　　　　图55 玉雕挂坠

图56 青海玉树藏族妇女服装

图57 侗族妇女头饰

四、我国首饰制作的传统工艺

■ 1. 累丝或花丝

用金、银等材料拉成细丝，拼焊成各种图案并配以宝石所制成的首饰称为累丝或花丝，因为其效果雍容华贵且多为旧时宫廷生产，故又被称为宫廷首饰。"累丝工艺"又称"细金工艺""花丝工艺"，为中国首饰的一大流派，历史悠久，源自北方。早在唐宋期间，花丝工艺就已应用在当时妇女发饰上。至元代，更有专门花丝工匠专业生产，受重视程度可见一斑（图58）。花丝工艺是将金或银加工成丝，再经盘曲、掐花、填丝、堆垒等手段制作金银首饰的细致工艺。根据装饰部位的不同可制成不同纹样的花丝、拱丝、竹节丝、麦穗丝等，制作方法可分掐、填、攒、焊、堆、垒、织、编等。

■ 2. 金银错

古代金属细工装饰技法之一，也称"错金银"。做法是用金银或其他金属丝、片嵌入青铜器表面，构成纹饰或文字，然后用错（厝）石（即磨）错平磨光。是我国春秋时期发展起来的一种金属工艺。东汉以后，这种工艺逐渐衰落（图59）。

■ 3. 鎏金

鎏金作为中国古老的传统工艺已有两千年的历史，始于春秋末期，到了汉代，鎏金技术已发展到了很高的水平。根据文献记载和出土实物，鎏金主要工序是先把黄金碎片放在坩埚内，加温至摄氏400度以上，然后再加入为黄金7倍的汞，使其熔解成液体，制成所谓的"泥金"。然后用泥金在青铜器上涂饰各种错综复杂的图案纹饰，或者涂在预铸的凹槽之内，此过程称

图59 金银错工艺饰品

图60 鎏金马摆件

图58 明代金簪簪背细节，累丝、焊接等多种工艺

为"金涂"，最后用无烟炭火温烤使汞蒸发，黄金图案纹饰就被固定于青铜器表面，这个程序称为"金烤"。

我国出土的鎏金器物基本多为青铜、铜、银。鎏金层又可分为通体鎏金和局部鎏金两种。局部鎏金文物在唐代、辽代出土的银质器物中较为常见，且局部鎏金的部位多在银器的花纹处，古文献对此类器物称为"金花银器"，金花银器一般是在银器的局部鎏金，俗称"花鎏金"。银白色基体与所錾刻纹饰处的金黄色鎏金层有机地结合，形成鲜明的艺术效果（图60）。

■ 4. 点蓝（烧蓝）

"点蓝"是将一种矿物质釉料点烧在饰物上，成为一种玻璃状的蓝色釉，这种蓝色釉和黄金、白银相辉映，显得清丽华贵（图61、62）。点蓝创始于元末明初时期，到了清景泰年间广泛流行。当时，它以蓝色釉最为出色，习惯称之为景泰蓝。珐琅是以硅、铅丹、硼砂磨碎制成的粉末状的彩料再填于金、银、铜瓷等器胎上经烘烧而成的釉。珐琅器有掐丝珐琅、錾珐琅和画珐琅三种。

■ 5. 点翠

点翠工艺是中国一项传统的金银首饰制作工艺，起着点缀美化金银首饰的作用。用点翠工艺制作出的首饰，光泽感好，色彩艳丽，而且永不褪色。点翠工艺的发展在清代乾隆时期达到了顶峰。它的制作工艺极为繁杂，制作时先将金、银片按花形制作成一个底托，再用金丝沿着图案花形的边缘焊个槽，在中间部分涂上适量的胶水，将翠鸟的羽毛巧妙地粘贴在金银制成的金属底托上，形成吉祥精美的图案。点翠的羽毛以翠蓝色和雪青色的翠鸟羽毛为上品。由于翠鸟的羽毛光泽感好，色彩艳丽，再配上金边，做成的首饰佩戴起来可以产生更加富丽堂皇的装饰效果（图63）。目前由于动物保护，翠鸟羽毛已很难找寻，所以此工艺基本停止了发展。

图61 银质烧蓝帽花

图62 银质烧蓝帽花

图63 蝶恋花纹点翠银簪

■6. 錾刻

錾花即是雕刻，在金、银材料上用各种錾具錾雕花纹，是首饰工艺的一种艺术表现手法，有平刻、阳錾、抬、采、镂空等。艺匠往往利用手上功夫，采用不同的锤具将金属片锤打成形，锤打出基本形状后再进行细部的錾花，形成不同的花纹和肌理，与素面形成对比（图64）。

五、当代中国首饰发展现状

中国人在几千年的历史发展中，在首饰金工这一古老的艺术形式上所取得的辉煌成就是值得骄傲的。无论是玉器还是青铜器，无论是景泰蓝还是花丝工艺精湛的宫廷器皿，每一个时代都留下了无数让我们啧啧称奇的宝藏，让我们可以在传统面前认识到祖先的伟大。然而，任何有生命力的艺术形式都要在时代中发展，在创新中变化，这样才能推陈出新，不断得到丰富和完善。

目前国内现代首饰的发展进入了一个崭新阶段，各大院校也纷纷开始建立首饰专业，如上海大学美术学院、中央美术学院、中国美术学院、清华大学美术学院、南京艺术学院等。从事首饰教育、设计的人数也越来越多，不但商业首饰的发展蒸蒸日上，艺术首饰的创作也涌现出一批生机勃勃的人才。与商业首饰的发展相比，高校里首饰专业的教师与学生的作品实验性、艺术性较强，也逐渐成为非常有活力、有特色的一个创意领域。这些高校里的老师、同学们在艺术创作上与商业上的尝试都是当代首饰教学中比较可贵的探索。各个专业领域的教师，如中央美院的藤非，清华美院的唐旭祥，南京艺术学院的郑静、王克震，北京服装学院的邹宁馨，中国地质大学的任进，中国美院的黄晓望、倪献鸥（图65）、汪正虹（图66），山东工艺美院的宋处龄，上海大学美术学院的郭新等。他们在积极探索首饰教育的各种方式、方法和途径，相信这些具前瞻性的研究将为中国首饰教育发展史写上重要的一笔（图67-71）。

如今，国内高校首饰专业的师生在探索与市场接轨的过程中也学到了不少的经验。比如在设计中如何降低成本、如何分析顾客心理及引导市场消费潮流、如何做市场调查、如何与公司合作、如何估算成本，等等。

目前，虽然学院派的首饰还没有太多的顾客能够接受，但这些原创设计理念非常强的作品是突破传统设计的一支重要的生力军。行业在学习如何接纳更有

图64 鸭纹银质錾刻帽花

图65 解构胸针系列。银、24K金、不锈钢、红纹石。作者：倪献鸥

图66 作者：汪正虹

图67 顶链。925银、珍珠。作者：许嘉樱

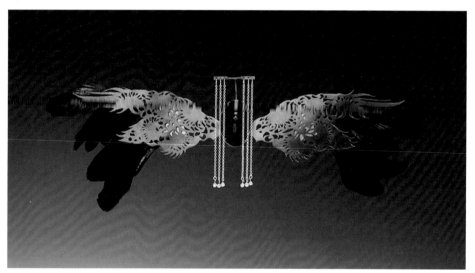

图68 《云之上》胸针。银、纸、果实。作者：张妮

图69 玻璃、银、金箔。作者：成乡

创新意义的设计，而设计师们也在寻求更好的与商业结合的途径。艺术首饰的创作也在不断给设计师们提供更多、更新的理念和思路，相信不久的将来，首饰设计领域和首饰艺术创作领域都将会涌现出一批具有代表意义、时代意义的首饰设计师和首饰艺术家群体。

值得一提的是目前已有不少的设计师在商业首饰与个性化首饰以及高档客户定制首饰中做出了非常有益的尝试（图72-74），例如台湾设计师张樱觉女士就非常善于用传统的造型元素与贵重宝石进行设计。

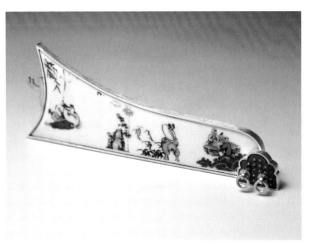

图70 《捉迷藏》胸针。银、14K金、珐琅。作者：曹毕飞

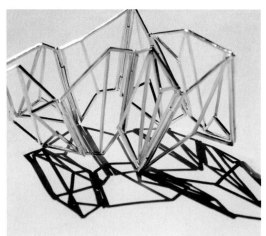

图71 《视错》。银。作者：张雯迪

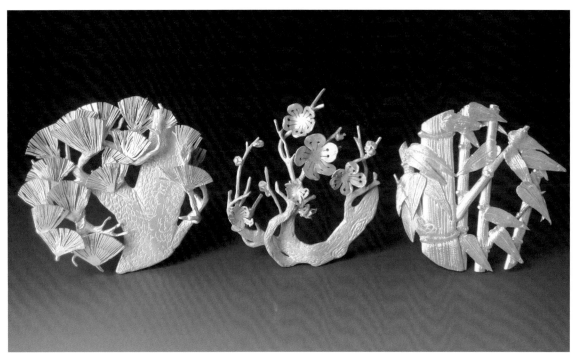

图72 《风骨——松竹梅》胸针。925银。作者：吴二强

图73 《遇见自己》系列之二。紫铜、布、绣线、亚克力。作者：戴芳芳

图74 《郁金香》。垃圾桶里的铜碎片、925银、彩色铅笔。作者：曹毕飞

第**3**章

首饰设计的过程及方法

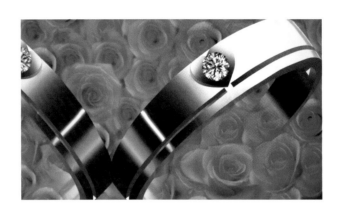

第一节
设计的概念及目的

首先，一个优秀的设计师不仅仅要懂得如何设计首饰，而且要明白：设计的本质或最高境界，是通过好的设计将欣赏者带进一种更高品质的生活方式中去。好的艺术、高品质的设计使人的生活更有品质、更高贵，更能反映出人的价值。其他姊妹艺术如文学、音乐、舞蹈、戏曲等，都能够帮助设计师提升素养和对生活的观察力。因此设计师要全方位地训练自己的品格、艺术素养、对美的欣赏、鉴别能力，以求成为一个具有综合素质和能力的人。美国设计师 Pat Flynn 的作品（图 1、2）给人一种亲切、自然的感觉，这有赖于他平时对自然界中事物的细心观察。但他的创作绝不是模仿自然，而是经过训练有素的眼睛，通过纯熟的工艺技术，把具有高度美感的元素、肌理、色彩等提炼并表现在作品中。这种驾轻就熟的设计能力是日积月累的结果，不是一蹴而就的偶然碰巧。

在设计过程中，首饰艺术家或首饰设计师首先要回答的问题有几个：

1. 为什么而设计（Why）？

2. 为谁而设计（Who）？

3. 设计什么（What）？

4. 怎么设计（How to design）？

5. 怎么制作（How to make it）？

我们首先要考虑的是设计的目的。为了谁而设计？这是做设计要考虑的关键因素之一，其次我们才会考虑怎么设计以及采用什么工艺、材质等。只有我们明确设计的目的，才能更贴切地选择合适的主题、材料、工艺技术等手段。比如设计师为公司的商品所做的产品设计与艺术家个人搞创作所考虑的题材、材料和工艺是非常不一样的。而艺术家的创作过程，关注的是自我表现、思想内涵、情感因素等，创作的形式可以有很大的自由度，因为不需要考虑这件作品的市场反应以及相关的价格、材质等。而设计师为了配合销售，首先要考虑的是市场的需求、受众的经济承受力、不同群体的爱好等因素。因此，设计过程就会非常不同。

也就是说，我们这里有必要澄清一下关于首饰设计师（Jewlery Dcoignor）与首饰艺术家（Jewelry Aritist）两个有区别的概念。当然一个人可以同时是两者。通常我们可以以设计的目的来区分这两个概念的不同。首饰艺术家这个创作群体在国外发展较成熟，许多人都是高校里的教师或其他"纯艺术"领域的艺

图1 《尘》手镯。铁、金粉。作者：Pat Flynn（美国）

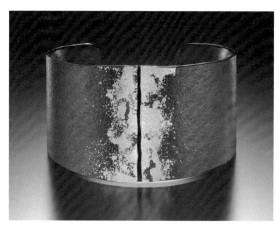

图2 手镯。铁、金粉。作者：Pat Flynn（美国）

图3 胸针。黄铜、珐琅、银。
作者：Anya Kivarkis（美国）

图4 《蜕变》系列之六。银花丝、玻璃。
作者：郭新

术家，他们也设计制作一些少量的直接进入市场的产品，这些作品主要是手工制作的（图3、4）。

　　首饰设计师往往以市场需求为主导，设计的产品往往首先要考虑市场的接受度。很多时候他们的设计会受到市场的制约。尤其是目前我国首饰消费市场还比较单一，许多款式都是非常大众化的，新颖的产品比较少，这与市场消费观念以及大众的审美水平有着密切的关系。过去几十年来，我国的首饰行业一直都是以加工型产业为主，基本上都是按照外来的设计订单进行生产。近年来行业开始产业转型，自主设计的产品渐渐多了起来，个性化的设计也渐渐多了起来。国外的品牌开始进驻国内市场，产品的种类也渐渐丰富起来。但是，它与国外市场相比，还有些差距。比如，消费者购买首饰的时候，很多人还是以实用和保值为主要目的，对首饰的装饰功能还不很认同，因此，对首饰的材质、设计的艺术性等方面的要求相对传统和保守。这些外在的、客观的因素对设计师的能力和

心理素质都是一个挑战。

　　商业首饰的设计之所以具有挑战性，是因为目前的首饰行业在转型中还没有很好地重视自主创新的设计能力，市场的消费群体的审美还没达到理想的状态。我们的教育将非常少的精力放在对美育的培养上。许多人即便有了经济能力，也不懂得如何更好地提升生活品质。许多人以为贵的就是好的，一味追求名牌，并没有考虑适不适合自己。当设计师的想法与市场需求发生错位的时候，往往被牺牲的是设计。设计师所面临的挑战是如何在做出让步的同时不失去创造力和热情。

　　就目前我国整个首饰行业的发展来看，与国外首饰行业的状况相比较，整个的市场运转机制还没有成熟。艺术家或设计师开设个人工作室会面临一些挑战和困难。而国外的情况有所不同，比如在美国，经历了过去近百年的发展，无论是设计师还是消费者，还是经营中的流转环节，都比较成熟。设计师也可以灵

活地选择从业方式。许多设计师选择开设个人或几个人合作的工作室，他们可以到国内定期举办的各种艺术节、手工艺术博览会、画廊等场所经销自己的产品，而政府、行业协会等也为他们提供很多帮助。所以，在美国，许多的职业首饰艺术家都能够比较好地在市场中找到自己的定位。比如 Michael Good（图5）、Pat Flynn、Lisa Slovis（图6）、Namu Cho……这些设计师的作品或小批量的产品都有鲜明的个人设计风格和工艺技术，他们的客户也有着相应的审美品位。

所以，设计的目的决定设计的理念。如果以商业利润为主要目的，那么考虑消费者的品位、购买力、成本控制等就是设计中关键的因素；如果以个性化设计为主，那么设计师的设计理念、小众个性化的需求特点就是主导设计的重要因素；如果以艺术表达为主要目的，那么艺术家的个人思想、表达语言就成为最重要的动因。所以，确定设计的目的和意义应该是设计的第一步。

图5 耳环。22K黄金。作者：Michael Good（美国）

图6 吊坠。银。作者：Lisa Slovis（美国）

第二节
灵感来源与素材搜集整理

设计灵感的来源可能是任何设计师都特别感兴趣的东西：一种情感、一个他所认识的人、一个特殊的地方、一次人生经历，等等，或者大自然中存在的某种颜色、肌理或形状，甚至一种味道或声音都能够带给艺术家灵感。灵感来时就如同电光闪过，在不期中相遇，似乎很神秘。但是，如果我们仔细分析，还是可以找到灵感光顾我们思想的轨迹的。首饰艺术家在形成自己创作风格的过程中，能够认识到这种轨迹非常重要，如果我们不能明白灵感的来源，就不能很好地运用形、色、体等手段来表现它。每个物体都具有无限的可能性和很多种去观察和认识它的方法，关键是怎样明白它所承载的"语言"，当我们能够清楚地明白灵感是怎样带给我们创作思路时，我们的设计和创作就有了明确的表现手法，就可以自信地运用我们学到的语言去描述、表达我们的意念和思想。

当我们每个人下意识地对某些人、事、物感兴趣时，我们常常忽略了去思考和分析其背后的原因。当我们学会用一种主观兼客观的态度去审视那些引发我们灵感的客体时，我们可以问自己：为什么我对这种颜色、形状、肌理或主题感兴趣，它们跟我有什么直接或间接的关系？下面举例说明。

笔者曾创作了"城市的呼吸"胸针系列，在设计之初，笔者首先有一个想要表现所生活的这个大城市的想法。接下来要解决的是，表现城市题材的方式有很多，作为设计者，最想表现的是什么呢？是城市的繁华还是热闹，是人还是景，是人与人的关系还是人

图7 素材搜集——令人窒息的纽约摩天大楼。
摄影者：郭新

图8 《城市的呼吸》胸针系列#1。银。
作者：郭新

与城市的关系？笔者所关注的是人们在这个城市中的生存状态。我在搜集的城市素材中得到启发（图7，纽约街景），于是选择了楼群的形象作为城市的抽象化、简约化的象征，而选择植物作为人或生命的代言。"城市的呼吸"#1、#2（图8、9），在平直、冷漠、高耸的楼群中挣扎求生的、脆弱的植物以一种惊人的顽强在展现生命的力量。"城市的呼吸"#3（图10）选择了灰色砖墙，代表上海这座城市中正在很快消失的具有江南水乡气息的老房子。它既是对老城、老景消失的惋惜，也有对曾经有着浓浓人情味的老街厢的留恋。从窗口延伸出来的嫩芽似乎在呼唤逝去的记忆。植物自由伸展的形体与冷直的高墙建筑的对比，更突出了生命可以自由呼吸成长的可贵。经过着色处理的银也恰当地体现了老旧灰墙的肌理效果。这正是笔者希望通过这个系列的作品所描绘的城市生活。

在明白灵感来源的基础上，学会正确地使用设计语言是非常关键的，对形、色、体积、肌理、线条等的把握都要恰到好处（图11、12）。当我们学会这两个艺术设计中最重要的因素时，经过一段时间的过滤、沉淀和积累，我们就会在创作中逐步形成自己的创作思路。当我们找到自己所关注的、能够感动自己的语言形式时，我们就有希望形成自己独特的艺术风格了。而独特的艺术风格，是品牌塑造的关键，是个性化设计的根本。

设计师所要做的，是成为一个有心人，他的眼睛应该是一双训练有素的眼睛，在平常生活中有意识地观察和搜集有用的素材并进行及时的归纳和整理。我们可以在生活中、自然界中随处找到设计素材。比如在自然界中，通过拍照、摄像或实物搜集来寻找具有形、色、肌理、组织结构等特征的果荚、花朵、种子；在生活中观察周围的景观、事物、人物、新闻，搜集废旧的有纪念意义的材料、物品，从记忆中搜寻可供叙述的转化为视觉形态的故事等，从观看的影片、杂志、书籍中搜集可供使用的花样、图案、色彩样本等。

有了丰富的素材，我们的设计才会更得心应手，才不至于"巧妇难为无米之炊"。有好的观察和思考习

图9 《城市的呼吸》胸针系列#2。银、22K金。
作者：郭新

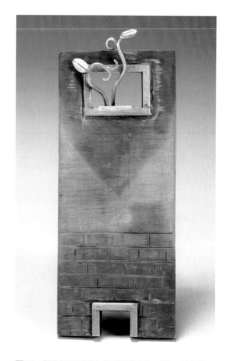

图10 《城市的呼吸》胸针系列#3。银、22K金。
作者：郭新

图11 《无争》清代和田玉三连环。18k金、珍珠、碧玺、绿松、翡翠。作者：张莉君

图13 胸针。银、铜。作者：吴二强

图12 《归·途》系列之一。银。作者：李桑

图14 设计灵感来自夏日盛开的荷花

惯的设计师能够处处发现设计的灵感，因此他不需要抄袭别人的设计，并且容易发展出自己的设计风格和独特的设计语言。正因为每个设计师都是独特的人，有独特的、区别于他人的经历、教育背景、成长环境，设计师才会形成不同的爱好和设计思路。 设计师吴二强对于中国书法情有独钟，所以他用书法的笔画设计出一个系列的胸针（图 13）。

自然常常是设计师灵感来源的最好启发，设计师张

妮的首饰也是从自然中得到灵感。她从夏日盛开的荷花以及民间剪纸中得到灵感，其设计制作的耳环充分体现了从自然到设计的简化抽象过程（图 14-17）。

有的时候设计也会根据工艺来考虑设计方案。比如锻造工艺可以很好地体现比较柔软自然的线条。张妮的这件作品就是从锻造工艺的角度来设计制作的（图18、图 19）。设计师窦艳的诸多设计也是从自然化生而来（图 20）。

图16 耳饰。作者：张妮

图15 荷花剪纸

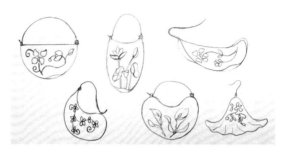

图17 设计构思草图。作者：张妮

图18 设计草图

图19 项链。银。作者：张妮

图20 设计草图。作者：窦艳

第三节
首饰设计美的法则

首饰设计同其他设计艺术一样，有着一定的设计原则可以遵循。俗话说"没有规矩不成方圆"，这个原则用在设计中也是一样。在所谓"后现代"的概念里，好像一切规则都被打破了，所以有些人忽视原则的存在，把设计说得很玄，似乎没有什么规则可循，其实不然。我们在潜意识里，好像已经有着预先设定的某些审美感觉，当看到美的、好的设计时，大家都会产生同感。当然，这些"美的、好的"标准无疑也会受到当时、当地文化等因素的影响。也有很多人说设计是一种感觉，这种说法也许有道理，但这些所谓的"感觉"不是没有道理。当我们熟悉并学会运用这些设计原则并达到一定的熟练程度时，它就成为一种设计"感觉"。这就像开车，刚开始我们必须经过严格的培训，才能掌握驾驶车辆的程序和规则，不遵循这些规则，车辆就无法正常行驶。当我们开到一定时候，就不会刻意去思考那些程序，照样能熟练处理各种情况，这时候我们说"驾车需要感觉"。这种感觉是从熟练的操作经验中得来的，不是凭空就有的。再有"感觉"的车手，也需尊重行车的原则和规定，才不容易出事故或对车辆造成不必要的损害。其实，设计的道理也是一样。平时对眼睛的训练、积累其他相关领域的知识、经常欣赏艺术作品、积累素材（图21、22），都是培养"感觉"极为重要的过程。

本节将简单介绍形式美的基本法则。谈到审美，如今许多搞艺术的人似乎有点尴尬，好像美的概念已经不时尚了似的。尤其是对于搞所谓"纯艺术"的人，

图21 阳光透过古建筑的窗映在地上，形成非常有形式感的图案。南浔。郭新摄

图22 古建筑的墙面形成简洁的线状结构。南浔。郭新摄

纯粹"形式美"已经不合潮流了。但是笔者认为，真正美的东西是永远都不过时的，谈美也永远不会过时，尤其是谈到手工艺术或工艺美术时。通过本节的学习，我们将大概了解形式美法则中对点、线、面的运用，对称与平衡，整体与局部，几何形与自然形，简单与复杂，肌理表现等设计中最常运用的要素。掌握了基本的设计法则，就可以举一反三，在设计中充分发挥设计师个人的才能，在原则中体会创意的自由。任何的自由都不是绝对的，只有合乎原则的自由才可能是好的、有创意的，而不是混乱的自由。

首饰设计与其他设计的不同之处在于：它要求设计者用最精准的语言在方寸之间表达一个明确的概念或完整的想法。这是极高的要求。在这样小小的空间里，每一根线条、每一个点、每一种色彩、每一种材料的选择、排列都要非常讲究（图23）。并且，它对技术的要求非常高，越小的东西细节越重要。某些初学者有个错误的概念，认为艺术首饰或手工性强的首饰不需要精致的做工，还有人说手工首饰追求的就是这种"粗犷"感。其实，"粗犷"和"粗糙"是不同的概念，首饰的工艺必须要精致考究。这并不是说抛光得闪闪发亮就是精致，而是制作过程要求制作者接受过非常严格的技术工艺手法培训，在制作中不偷懒、不急躁，每一步都做到位，做到尽善尽美。

一、点、线、面的关系及处理

点是设计中最基本、最简洁的形，点在滚动中就形成了线，而线在滚动中形成了面。在设计中，如果点、线、面得到很好的运用就能产生美感。点是相对于线与面而存在的。点可以有大有小、有虚有实、有密有疏而形成不同的变化。在首饰设计中，宝石、珍珠等元素是具有"点"效果的装饰元素，常常具有画龙点睛之效。美国设计师 Pat Flynn 在他创作的一系列手镯中（图24），就很好地运用了钻石作为点的设计元素，

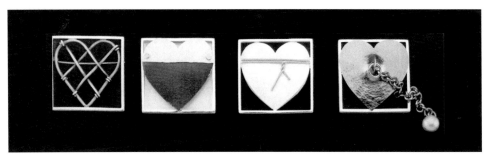

图23 胸针系列。银等综合材料。作者：Pat Flynn（美国）

图24 镶钻手镯。铁、钻石。作者：Pat Flynn（美国）

或分散或聚合，或单独或连线，都有一种韵律感。

线可以有长有短、有曲有直、有宽有窄，从而形成水平、垂直、对角等形态。我们可以借助线的不同表现方式来表达急迫、缓慢、平静、狂乱等情绪。在首饰设计师的眼中，线条可以像飞舞的飘带，舞动出优美的旋律：或曲折，或悠长，或婉转，或优雅，也可以是静止、庄重、冷峻的几何形。线有着千变万化的、神奇的视觉效果。金属丝是首饰中表现线条最丰富的材料，如链条的制作就有非常多的种类。美国设计师 Michael Good 是熟练运用线条的典范，在他设计的一系列首饰作品中（图25、图26），我们可以看到线条产生的不同方向、节奏、韵律，甚至表情。

二、统一与多样（整体与局部）

在设计的过程中，如何将所有的设计元素和谐有序地组织在一个作品中，是设计师首先要考虑的。因此，设计师就好像作曲家一样，将各种高、低不同的音符和旋律有秩序地排列起来，组成一首悦耳的曲子。可以说，统一性与多样性，或者说整体与局部的关系是所有设计原则中最基本的一项。统一性是考虑如何将所有的局部组成一个协调的整体，在视觉上形成有秩序而非杂乱无章的组合，并在整体协调的同时不消灭局部关系的丰富性。

多样性运用得当会带来恰当的对比关系，如细腻与粗糙、庞大与微小、深与浅、曲与直等。但是它如果缺乏整体协调则会变得杂乱无章，如同一段话当中夹杂了多种语言，让人摸不着头脑。所以好的设计要做到整体中有局部、统一中有变化。统一而没有变化容易了无生趣，变化而无统一则是混乱无序。设计师对变化中的各种元素要有非常好的把握。

关于整体与局部的和谐统一，造物主在大自然中给我们留下非常多的例子。比如一朵花，它的色彩基本是统一在一种色调中，在花蕊里可能有不同的形状、色彩来调节一下。一朵花的花瓣永远不会是一瓣三角形，一瓣圆形，另一瓣四方形，在色彩上也是统一中有局部的变化，从而使得形、色、肌理等更丰富、更有趣味。如 Pat Flynn 的系列作品（图27），每一个胸针的基本形都是心形，但各自的形状与色彩都不一样，表达的情感也不一样。他运用了点、线、面、色彩、虚实空间、不同材料的变化等综合表现手法。在统一的心形中有许多虚与实、直与曲、点与线、黑与白、软与硬等种种丰富多彩的局部变化，使得整个设计有秩序但不呆板，不同的元素统一在一个人的和谐关系中，显得富有动感，丰富的内容使得观众可以欣赏细节的变化带来的趣味。

图25 项圈。K金。作者：Michael Good（美国）

图26 耳环。K金。作者：Michael Good（美国）

三、对比与协调

对比是指把质量、造型、色彩反差比较大的两个或两个以上的元素配合在一起，产生一种鲜明强烈的视觉冲击力。对比可分为大小对比、形状对比、肌理对比、色彩对比、位置对比、空间对比等。图 28 所显示的首饰中，设计师 Lisa Slovis 运用了对比的技法，四个基本形中有三个光滑简单，而选其中一个赋予其不同的色彩、质地和图案效果，在协调中有对比，产生趣味性和丰富性。

■ 1. 色彩的对比

色彩可因色相、明度、饱和度的不同而产生对比。需要注意的是：在对比中一定不能乱，对色彩和形状的把握要整体，要在整体里寻求对比。对比过于强烈，会产生混乱的、让人不舒服的"噪音"。运用色彩的对比，我们常常采用同类色的深浅对比。而运用对比色时，如红与绿、蓝与黄等，则很容易产生强烈的视觉冲击力，这种情况一定要协调好各种色彩的比例。

荷兰设计师 Beppe Kesller 设计的胸针运用了对比色彩（图 29），营造出一种华丽但是沉稳的色调，以金黄色调为主，紫色调的蓝色为辅，丰富了色彩的层次，又保持了色调的统一。

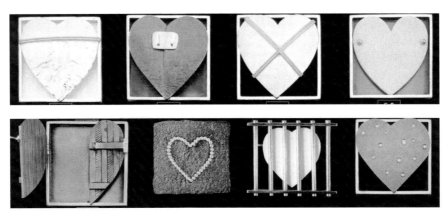

图27 胸针系列。银等综合材料。作者：Pat Flynn（美国）

图28 项链。银。作者：Lisa Slovis(美国）

图29 胸针。纤维、金箔等。作者：Beppe Kesller(荷兰）

■ 2. 肌理的对比

首饰作品设计，可以运用材料的不同肌理感觉，如光滑或粗糙、纹理的凹凸等产生对比。Pat Flynn 设计的手镯、胸针（图30、图31）就做了非常丰富的表面效果，使得整件作品看起来妙趣横生，强烈对比的肌理也表现了自然感。Beppe Kesller 设计的胸针系列就是非常好的肌理效果处理的典范（图32）。每个胸针都因为肌理效果的不同而被赋予不同的表情，她是一位非常擅长在布面做肌理的首饰艺术家。

■ 3. 空间虚实的对比

首饰设计常使用正负、图底、远近及前后感产生对比。设计中有实感的图形称之为实，空间是虚，虚的地方大多是底。而 Pat Flynn 在设计中（图33），很好地把握了虚实空间的对比，正负形是相辅相成的。镂空技术可以把首饰的虚实空间较好地表现出来。需要注意的是：使用对比，不能破坏统一的整体感，各视觉要素要有总的趋势，要有一个重点，相互烘托。如果处处都是对比，反而没有了对比。

图30 手镯。铁、金粉。作者：Pat Flynn（美国）

图32 胸针系列。纤维等综合材料。作者：Beppe Kesller（荷兰）

图31 胸针。铁、金粉。作者：Pat Flynn（美国）

图33 胸针系列。银等综合材料。作者：Pat Flynn（美国）

四、对称与平衡

对称是指上下、左右或四周具有相同的质与量的排列。如人的脸部,鼻子、嘴巴左右居中,眼睛、眉毛分两边对称排列。大多数的徽章、中式会客厅、舞台、礼堂等的设计都是对称的,给人以庄重、平等感。平衡是一种需要,它给人带来安全感、稳定感,失去平衡我们就容易产生焦虑。平衡的分类有好多种,比如水平平衡、垂直平衡、放射平衡等,都属于结构平衡(图34、35)。

除了结构平衡,另外一个重要的是视觉平衡。尽管有些元素在上下、左右、放射关系中并不对称,但是通过调节大小、高矮、深浅、疏密等局部关系,在视觉上产生一种平衡效果。

如何达到平衡有赖于设计师的实践,对视觉元素运用的训练,有时候可以在多种因素中得以完成。大多数情况下,视觉平衡是一种直觉或感觉。当然其中也有理性的计算分析如黄金分割、对等比例等。设计师在运用各种设计元素时可采用多种手段达到平衡效果。比如在成乡设计的胸针中(图36),宝石位置的排放就非常重要,能够起到平衡整个线条的作用;宝石之间的距离间隔也不是随意的,而是力求在上下左右的关系中寻求视觉的平衡。当某些形状失衡的时候,通常我们的眼睛会做出反应,并在观看的时候感觉有些不舒服。

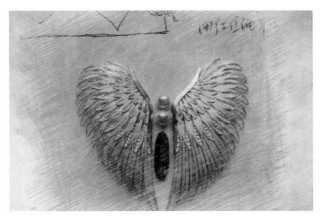

图34 花丝挂件、胸针"天使之翼"设计图。作者:郭新

图35 吊坠。银、贝壳镶嵌。作者:黄巍巍

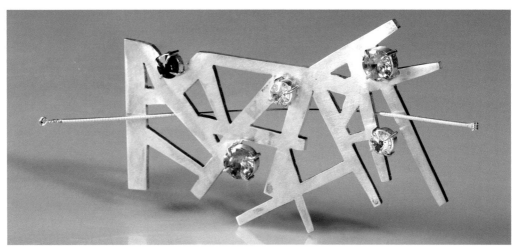

图36 胸针。银、宝石。作者:成乡

五、重复与节奏

重复是指同一形向上下、左右或周围重复排列组合。重复产生一种节奏感，而节奏是一种有规律的运动。重复的规律有许多种。例如图案设计中的二方连续、四方连续等。设计中的节奏就好像一首交响乐，有低缓的旋律，也有高亢、欢快的旋律。当有高低、长短、快慢等对比时就会产生优美的节奏感。音乐中某些旋律的多次重复演奏会带来一种稳定感，在重复中有大小、粗细、高低等变化时就产生节奏感。树叶形的重复和变换的尺寸，在高低、大小、参差不齐的排列中寻求一种节奏感，并偶尔出现一些起伏或对比强烈的部分，以起到强调的作用（图 37）。

亚历山大·考德尔设计的项圈（图 38），使用相同的单元形向四周连续重复，形成一种平稳的节奏感。

当然，不断重复的形也会造成单调，这时，需要采用统一与变化的原则，改变局部的形，来创造一种变化，就比较丰富了。

六、自然形与几何形（写实与抽象）

设计师对自然形或几何形有不同的喜好。有的设计师喜欢从大自然中吸取设计的灵感，树木山林、泉水溪流、岩石峭壁等都可以为设计师提供丰富的、取之不尽的关于色彩、形状、肌理等方面的素材。而且，自然形的设计总给人一种亲切、具有生命力、放松的情绪或感觉。而自然界提供给首饰设计者们非常丰富的材料，如宝石、金属等。有些设计师直接用自然界中的石头、果荚、贝壳等材料创作首饰作品，有些设计师则将自然形筛选、简化或抽象化处理后应用在设

图37 《隐藏》项圈。银。作者：黄巍巍

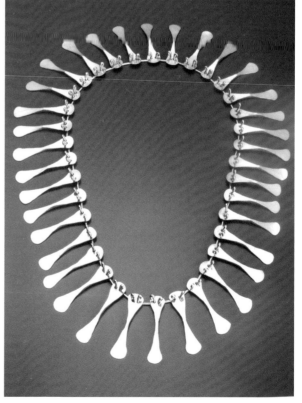

图38 项圈。银。作者：亚历山大·考德尔（美国）

计中。这些简化后的形状往往以几何形和抽象的造型出现（图39）。而几何形状如梯形、立方形（图40）等则给人以肃穆、简约、冷静、理性的感觉。

当然，也有些设计师采用自然形与几何形相结合的方式进行设计，也会产生非常丰富的效果。

设计师郭新在长方形的外形中采用了自然的裂纹肌理（图41），袁文娟的作品中在三角几何形内使用自然形的干花进行组合（图42），在几何的形中有自然的色彩、肌理和线条，就能取得非常成功的视觉效果。张妮的设计则是把繁复的自然素材简化成几何图形。在图43我们看到原始的植物照片，通过不断的去繁求简，找到主－（图45、图46、图47、图48），再到作品最终成形，体现了设计师在设计过程中的整个思路（图49、50）。

图39《溪边树》胸针系列#1。银、绿松石。作者：郭新

图40《茶壶》胸针。银、铜等。作者：Lynda LaRoche（美国）

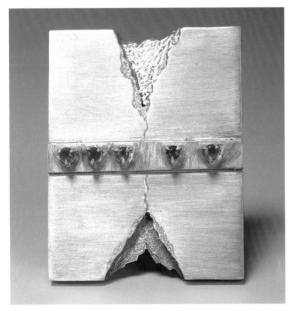

图41《和平使者》胸针系列＃3。作者：郭新

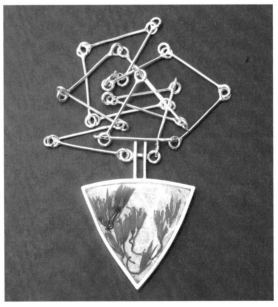

图42 项链。银、干花。作者：袁文娟

图43 原始植物照片

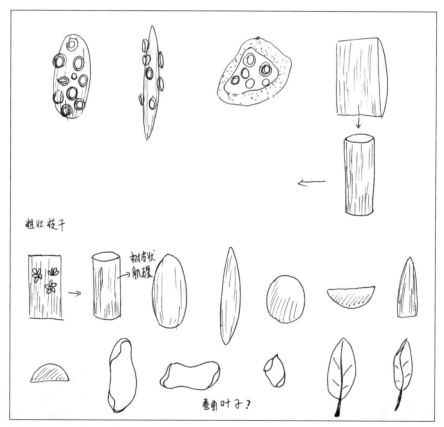

图44 《去繁求简》的草图过程

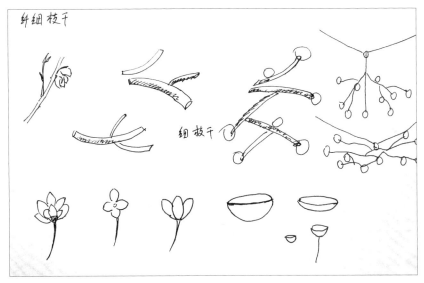

图45 《去繁求简》的草图过程

图46 《去繁求简》的草图过程

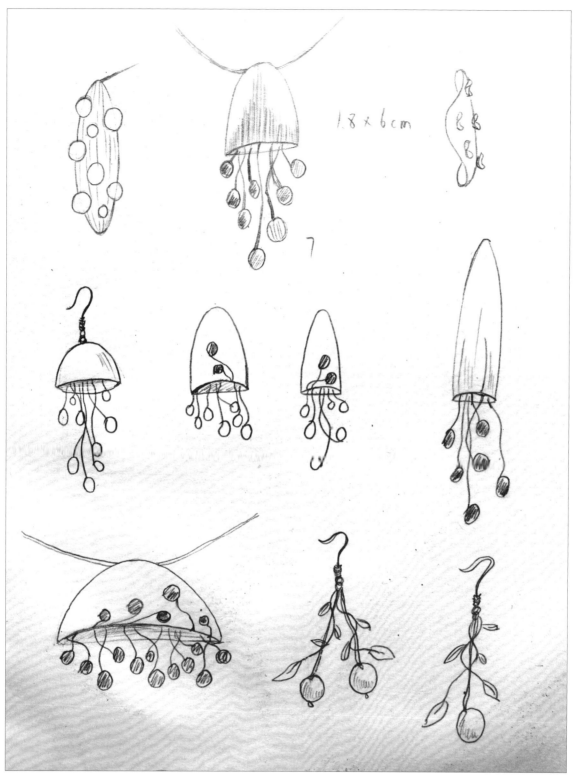

图47 《去繁求简》的草图过程

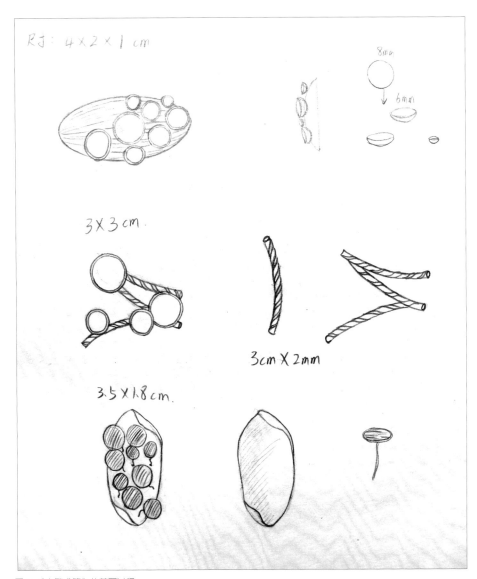

图48 《去繁求简》的草图过程

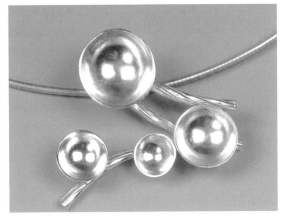

图49 作品完成

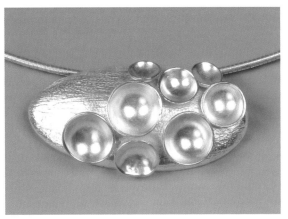

图50 作品完成

七、简约与复杂

简约的设计是一种高度概括、提炼的过程。简约不同于简单，也不是量的减少，而是用更少的语言表现更丰富的内容，用最少的形表现事物的本质。复杂的形不是一味地堆砌累加，而是将所有精彩的形、色等最有效地组织起来而不显得凌乱和繁琐。如 Mc Gurrin 的项链（图51），采用了极简主义的风格，没有任何多余的语言和形式，以最简洁的方式体现了美的形。

图 52 显示的作品，中部使用了看似杂乱的形堆积在一起，试图营造一种热闹的场景，但是在上方及下方，设计师留了大量的空白，给予观者视觉缓和的空间，正如中国画中讲究的"疏可走马，密不透风"的构图原则。设计师对空间的虚实、复杂与简单等元素的控制，使作品的整体效果并不杂乱（虽然作品名称叫"混乱"），而是丰富之余还有比较多的想象空间。

图51 项链。银、釜泊。作者：Mc Gurrin（美国）

图52 《混乱》胸针。银。作者：工品

第四节
首饰设计的表现方法

设计师是用笔和颜料来表达思想、情感的人。设计师应该有最基本的绘画能力，要具备素描、色彩、平面构成、立体构成等基础知识。比如平时可以练习用单线素描的方式画出各种线条转折的结构，以便日后可以熟记在心拿来可用，比如设计师戴芳芳平时就非常注重这些积累（图 53）。

当设计师在一张白纸上开始落笔构思之前，他应该已经有足够的素材积累，平时就养成勤于观察的习惯。当开始设计的时候，不要太限定自己的想法，思路应该是开阔的，并且可以尝试不同的表现方式。有

的设计师喜欢用彩铅，有的设计师喜欢用马克笔，有的设计师则习惯用水彩或水粉，而现在许多设计师则借助电脑绘图。一个设计师应该尽可能多地掌握各种表现技法。在设计之初，可以用"头脑风暴"的方式尽可能多地构思，从诸多方案中选定最佳方案。如果设计师是自行设计并制作首饰，通常不需要太详细的设计图纸，自己能看明白就可以了（图 55、56）。但是，如果是设计师与技师合作，就必须画出详细的设计图稿，大多数情况下需要绘制三视图，即从各个不同角度绘制产品的图形、结构等，尤其是

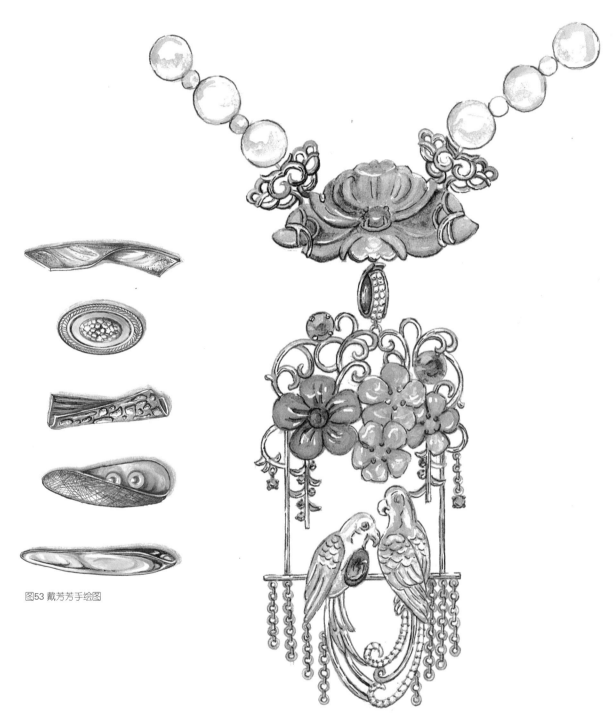

图53 戴芳芳手绘图

图54 张莉君手绘图

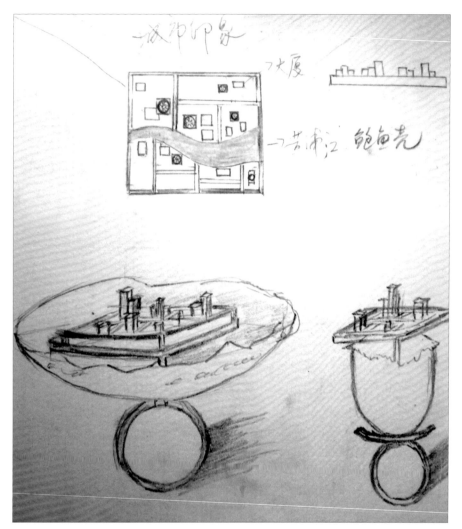

图55 设计草图。作者：黄巍巍

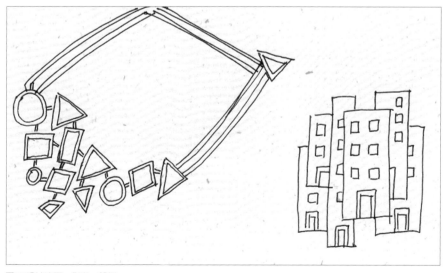

图56 设计速写。作者：郭新

在工厂里，当设计图从设计部转移到技师的手里时，技师必须能明白设计意图，许多时候需要设计师与技师多次沟通。

图 57、58 是设计师吴二强的草图和作品。我们可以看到，手绘的草图可以非常快地记录下一些新鲜的想法，并在画的过程中组织合适的视觉语言，这非常有利于打开设计思路。设计师在最初的时候可以自由畅想、慢慢再缩小到比较适合叙述主题的形式上，需要考虑形状、色彩、材质、工艺等因素。为了表现效果，有时可以选用有色纸作为绘图的底板，然后用彩铅绘制（图 59）。在绘制过程中尽量详细说明各个部分的比例、色彩搭配、材质选择以及创意思想的过程，让技师可以从各个方面了解设计师的想法，从而更准确地把握设计理念。

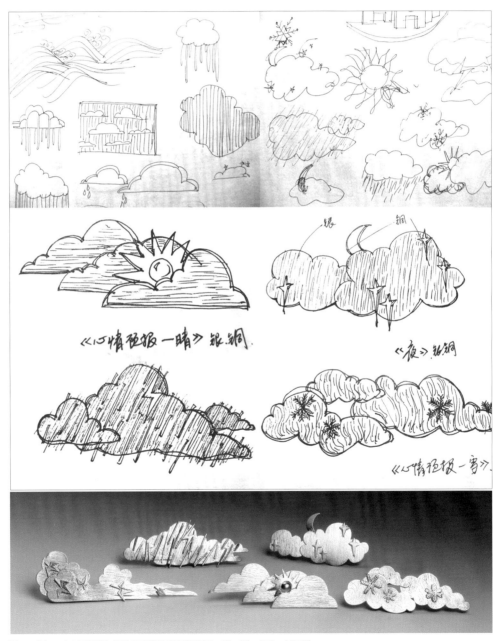

图57、图58 《心情预报》胸针系列设计草图和作品。银、铜。作者：吴二强

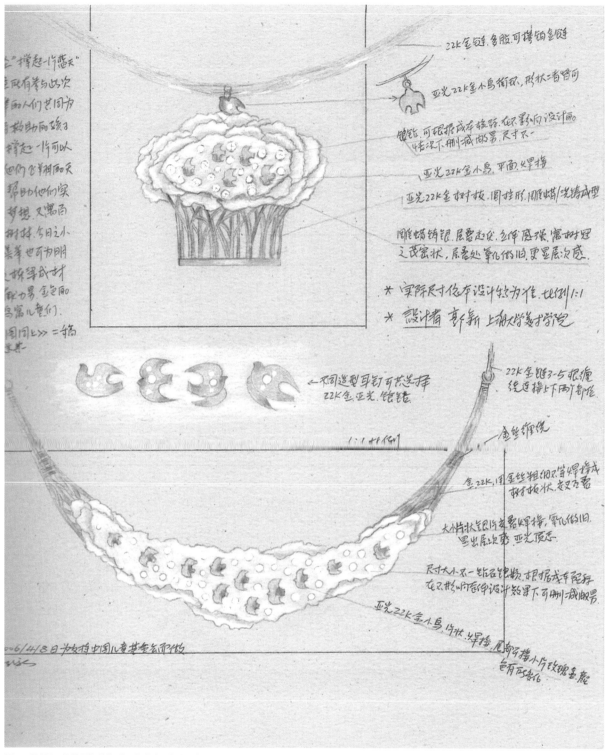

图59 《撑起一片蓝天》首饰系列设计稿。作者：郭新

该速写记录是设计师郭新在设计一个系列作品"子弹将成为装饰"时的思路历程（图60）。从创意的主题来讲，设计师希望表达自己对和平的向往，希望有一天子弹不再是杀人武器，而仅仅成为一种对过去的回忆、一种装饰，让战争成为一种记忆。这也许永远只是一个梦想，但创作允许艺术家去梦想。在设计过程中，他尝试用子弹的基本形进行各种组合、排列、添加装饰纹样等。

在所谓的"头脑风暴"（Brain Storm）中应记录所有设计的可能性，并尽可能以文字方式记录当时的想法和创意来源。在设计过程中，可以把搜集到的相关资料放在设计图纸旁边，帮助拓展思路，增强视觉记忆效果。图61、62是设计师郭新在设计以阳极氧化铌（铌金属染色工艺）为主的材料时的草稿，充分体现了设计思路的开阔性。他在设计中使用钢笔淡彩，这样思路更容易快速地表现出来，然后在制作过程中可以稍作修改。

目前，电脑绘制设计图也是常用的方法之一。通常来讲，在参加各种首饰设计比赛时，比较出效果的是电脑绘制的效果图（图63）。有些设计师比较喜欢

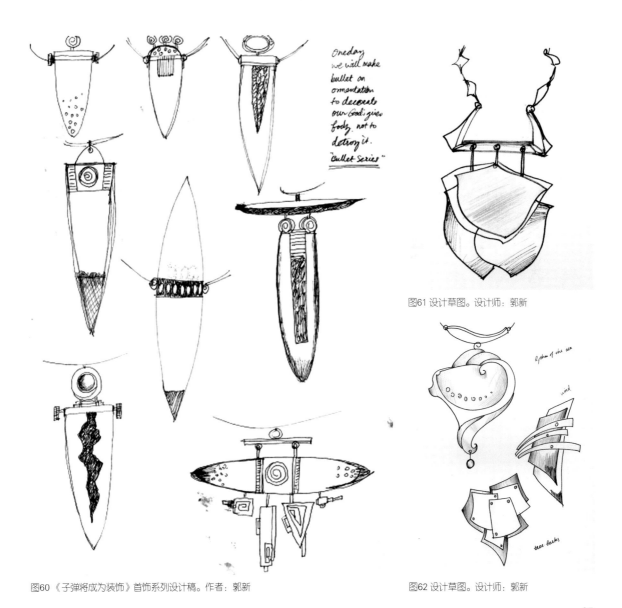

图61 设计草图。设计师：郭新

图60 《子弹将成为装饰》首饰系列设计稿。作者：郭新

图62 设计草图。设计师：郭新

这种先进的方式，电脑绘制的效果图能够完成比较详细的、各个角度的设计图稿（图64-66）。因此大规模的工厂经常使用JCAD（Jewelry Computer Air Design Program）软件来帮助绘图。在有些设备好的企业里，有时还配套有立体的成形机器，电脑绘制的图形直接转化成模型"打印"出来。这一系列的现代技术能够精确地完成制模过程（图67、68）。

无论哪种表现方式，对设计师的造型能力都有极其高的要求。设计师对形、色、结构、工艺的了解是设计成败的关键，缺一不可。因此，好的设计师不但要熟练掌握设计基本原则，熟练运用这些原则，最重要的是通过辛勤的积累，产生一种对美的敏感。多看、多学习其他设计师的作品，提高个人的修养和综合素质，注重原创力的培养，才能成为一个优秀的设计师。

图63 "丰收的季节"首饰系列。意彩石光彩色宝石设计竞赛获奖作品。作者：苏伟国

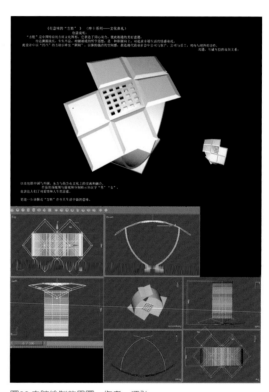

图66 电脑绘制效果图。作者：江弘

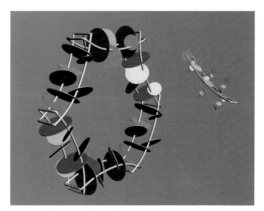

图64 电脑绘制效果图。作者：江弘

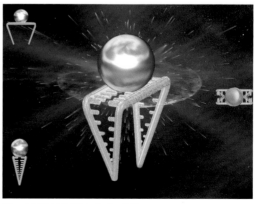

图65 电脑绘制效果图。作者：江弘

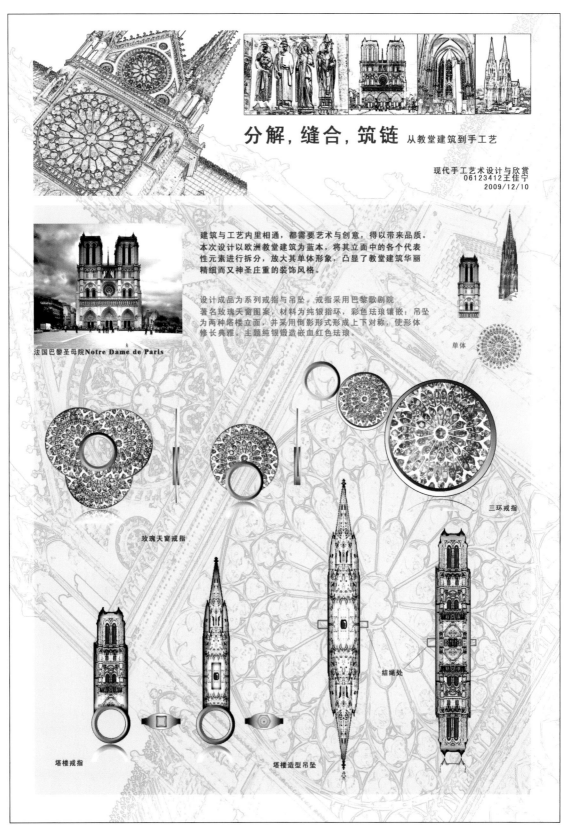

图67《分解、缝合、筑链》从教堂建筑到手工艺。作者：王佳宁

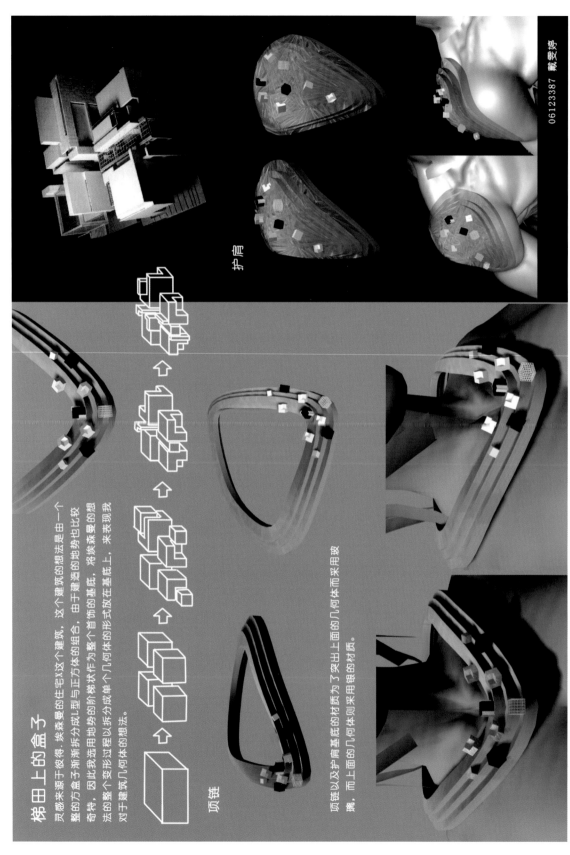

梯田上的盒子

灵感来源于彼得·埃森曼的住宅X这个建筑，这个建筑的想法是由一个整的方盒子渐渐拆分成L型与正方体的组合。由于建造的地势也比较奇特，因此我选用地势的阶梯状作为整个首饰的基底，将埃森曼的想法的整个变形过程以拆分成单个几何体的形式放在基底上，来表现我对于建筑几何体的想法。

项链以及护肩基底的材质为了突出上面的几何体而采用玻璃，而上面的几何体则采用银的材质。

护肩

项链

06123387 戴雯婷

图68 《梯田上的盒子》首饰系列。设计思路与效果图。作者：戴雯婷

第五节
商业首饰设计的工艺流程及注意事项

目前，学校里培养的首饰专业毕业生，很多人不能很好地胜任公司里设计师的工作，有一个原因是学校教育与市场需求的脱节和错位，作为教育单位，学校应该更好地考虑学生将来的出路。学校是培养艺术家还是设计师？艺术家的生存空间在哪里？职业艺术家生存机会有多大？分析这些客观存在的困难和事实，有利于教师在教育、训练学生时有明确的目标，帮助学生解决找不到"合适"工作的问题。

另一方面，首饰行业急需设计师的尴尬局面仍旧没有得到改善。笔者认为，学校教育的重点在于培养学生的创新意识和能力。同时，学生在校期间应该多了解市场，增加自身的适应能力，以免好高骛远。如果在校学生有机会到公司或工厂实地实习，就会较为全面地了解自己将来作为设计师的事业发展定位和方向。

学生毕业后担任设计师遇到的问题，往往表现在为公司做设计时不注意考虑或不懂得市场需求，一味强调艺术性和设计感，致使设计出的产品不适合市场销售，因此感到自己的才能不能很好地发挥；而公司或厂家则要求设计师在设计首饰时多多考虑如何更好地满足顾客和市场的需求。这个矛盾不可能在短期内解决，因为它是多方面的原因造成的。但有一点可以肯定：只要是面对市场的设计，无论是公司根据市场需求下发的设计任务，还是设计师最终要拿到市场上出售的产品，都不可能像艺术家搞创作那样无所顾忌。因此明确设计的目的可以帮助设计师正确把握设计方向。而明确自己将来的择业方向，也会帮助学生更好地适应未来的工作。

一、了解设计、生产工艺流程

在公司体制运作中，商业首饰的设计思路、工艺流程与设计师或艺术家的个人创作是有区别的。通常，在企业模式下，设计师根据领导的决策和市场部的信息反馈，设计新款首饰图稿，在众多的设计方案中选出 2~3 种方案投入生产。设计师的图稿须是三视图，交给制版技师完成母版制作；母版制作完成后，交由铸模开模技师制作橡胶模；橡胶模制好后翻蜡模；蜡模翻好并修好后进焙烧炉，浇铸成批量产品模；然后再交由各工序进行后续的打磨、抛光、上色等。生产流程如图。

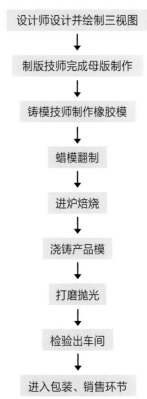

在上述流程中，设计师虽然不参与后续的制作过程，但必须了解各工艺流程的技术和操作。设计师对首饰加工工艺、材料等越熟悉，设计思路就越广。同时，设计师还必须听取市场的反馈意见用于调整自己的设计。

二、商业设计注意事项

■ 1. 分析产品消费群体、对象

消费群体越具体，设计就越有针对性。在设计之前，先要进行消费对象的分析，分析内容包括年龄、职业、教育背景、消费能力等。比如年轻一代的消费者，较为喜欢购买与服装搭配的配饰，不太讲究材质的贵重性（图69、70）；而中老年消费者则比较注重材质的保值性和贵重性。

■ 2. 产品的表面处理

设计师应该特别注意的是：商业首饰往往采用高抛光的方式使产品看起来非常光亮。但是从设计角度来说，如果产品最后的抛光非常亮，往往破坏了设计的线条和形，因此许多设计师采用亚光和喷砂的技术作后期处理（图71）；但是喷砂后的亚光效果在清洗时比较难，需要专业的磁抛机或超声波清洗机加以清洗。有的银饰为了防止很快氧化，许多厂家采用镀铑的方式来缓解氧化过程。

■ 3. 产品成本的计算与控制

在批量生产的产品设计中，成本的核算是非常重要的一个步骤。成本的核算应该包括以下几个方面：材料费、加工费、设计费、包装费、广告销售费、运

图69 银、碧玺、沙弗莱、石榴石、透晖石、葡萄石。
作者：李桑

图70 《无声》胸针。银、铜、珍珠。
作者：胡世法

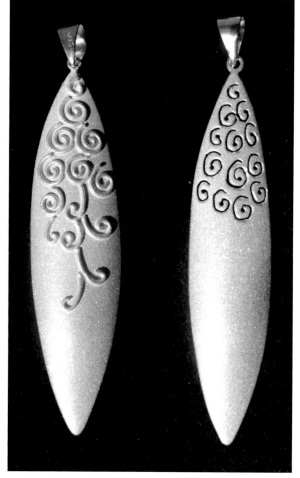

图71 项坠。银。经过喷砂处理的表面效果。
作者：郭新

输费等。在设计生产过程中，个人开业的设计师尤其需要懂得成本的预算和控制，否则很难获得市场成功。控制成本的方法有很多。比如哪些工序可以由机器完成，哪些必须由人工完成。通常，机器能完成的工序多，成本相对就低。再比如，哪些地方可以省料，比如镂空的使用可以结合花纹图案的处理，达到既美观又省料的目的。另外，材料的选择也是控制成本的关键，很多首饰不一定要使用昂贵的、纯度高的贵金属，可以用铜镀银、合金等材料，但商家必须清楚标注产品成分，要在诚信的基础上控制成本。

比如图72中，该产品的大部分的构件都可以浇铸完成，但是宝石镶嵌必须人工完成，产品成本随之增加；而图73采用丝线环绕的方式降低了材料成本，整件产品也可以一次浇铸成形，也降低了成本。当然，这两款首饰可能是为了不同的消费群体而设计的。对于个性化首饰爱好者，手工性强的产品是他们的追求，价位稍高也没有问题。当然，设计师的设计成本要根据设计师的职位来计算（为公司工作和个人开业是非常不同的概念，计算方法也完全不同），尤其是个人工

作室的设计师，个人设计成本在创业之初与功成名就之后有天壤之别。因此，评估设计成本没有确定的标准。目前行业内，个性化设计，稍有名气的设计师，收费在3000~10000元/件左右。与此同时，以每件几十元为企业做设计而收取费用的设计师也为数不少。因此，设计费用的收取要依情况而定。在行业发展的过程中，有许多亟待调整的方面，设计师要保持心态平衡。

■ 4. 产品周期、工期的控制

许多产品在向市场投放时，会考虑到特殊的节日或季节。比如为情人节、母亲节、圣诞节等节日设计产品时，需要设计师至少提前三个月设计并投入生产，以便产品能及时投放市场。例如，如果产品要在2月14日之前的两周投放市场，那么就以这个时间表往前推，确定各个工序的时间节点，按照这些节点制定时间进度表，并严格按照表格进行各个步骤的交接工作。对个人工作室的设计师来说，也需要有这样的意识，学习规范的商业操作模式。在实际操作中，每个公司有自己的运营模式（表1）。

图72 《种子》系列首饰。银、翡翠。作者：黄巍巍

图73 《云纹》顶坠。银。作者：郭新

■ 5. 产品结构的实用性

在设计实用性强的首饰产品时，设计师要特别注意：产品的外形不能太尖锐，以免刺伤佩戴者；转角处不能钩住衣服；别针开口要向下，以免别针扣打开时滑落；项链要有不同的长度，以适合各种体形的顾客佩戴。要解决好这些问题，就需要进行良好的售后调查和回访。比如图 74、图 75，两枚胸针的别针有所不同，在佩戴过程中，可能右图就比较方便摘卸。设计师的创意和想法是可贵的，但同时要兼顾消费者的使用方便和安全。因此，产品制作完成后，设计师应该先试戴一下，看是否每个部件都合体、实用。

■ 6. 产品的包装、推广与销售

这个环节对于大公司来讲已经驾轻就熟了。在商业运营中，这个环节是至关重要的。有人甚至夸张地说："一分产品六分宣传。"不过，宣传虽然重要，但是最终是靠产品本身说话。这一环节的运作，对于刚刚起步并个人创业的设计师来说是比较困难的。通常，设计师自己设计、制作产品已经占去了绝大部分的时间，因此很少有时间和精力顾及这个环节。但是，在市场运营程序中，这个环节是最关键的。再好的产品，如果没有一个很好的销售渠道和操作方法，会导致个人创业的失败。因此，选择个人创业的设计师最好能够学习这一方面的专业知识技能，或与他人合伙，让懂得市场运营的合伙人把这一环节的工作承担起来。

这样的分工是必需的。因为搞设计的人需要专心设计、制作，无暇顾及市场销售。

值得一提的是，在产品宣传方面，如果是偏重商业性的宣传，产品摄影往往采取一种场景式拍摄方式，比如使用道具，如模特、鲜花等；如果是偏重艺术性的展览宣传，通常采用比较简洁的黑白渐变的摄影背景，使作品更具专业性。

图 76 是商业产品惯用的拍摄模式，场景的布置试图反映出产品与顾客之间的某种联系。礼品盒、鲜花等道具比较常见。需要注意的是，不要让其他的道具抢了饰品的风头，削弱了产品的效果。另外，宣传品的色彩也比较活泼亮丽。如果是参加专业性比赛或展览，照片的拍摄宜庄重，以灰色背景为主。

■ 7. 完善的售后服务

对于购买首饰的消费者来讲，他们非常注重商家的售后服务情况：定期的保养、清洗、维修、换件、改尺寸等都包含在内。对于个人创业的设计师来说，这一点往往被忽略，因此也失去一些顾客的信赖。而大的品牌商家在售后服务方面明显做得比较好，这也是消费者比较相信和选择大的品牌购买首饰的主要原因之一。因此，完善的售后服务机制是必需的。一款新的首饰推出市场后，应该有一个市场反馈渠道让消费者表达意见、建议，以便设计师在今后改进工作。

11 月 /10 日	12 月 /10 日	1 月 /10 日	2 月 /1 日	2 月 /14 日
完成市场调查并进入设计环节	所有产品进入生产环节	所有产品完成生产并进入包装、销售状态	所有广告、印刷品完成，并开始促销	情人节市场促销活动高潮

表1 情人节产品生产时间表

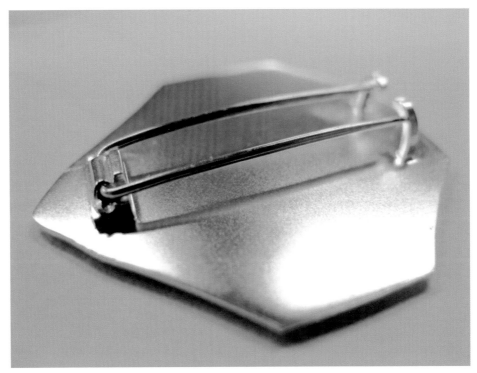

图74 胸针背面。作者：Erin Rose Gardner（美国）

图75 胸针背面。作者：Erin Rose Gardner（美国）

图76 "情人节" 对戒商业宣传图片

第**4**章

首饰材料

第一节
首饰材料基础知识

首饰在发展过程中使用的材料非常丰富，从原始的贝壳、骨头、树叶、花朵到后来金属的提炼及使用，经历了漫长的时期。目前，行业生产越来越规范化，我们大概可以将首饰材料分为贵重金属和非贵重金属，宝石、半宝石、人造宝石以及非传统材料等几大类。我国传统上对首饰材料的使用局限在黄金、银等金属，中国消费者对 24K 黄金的推崇曾经使得纯金首饰独霸国内市场。通常西方人，如欧洲人或美国人比较喜欢佩戴 22K、18K 或 14K 的首饰。目前我国对 K 金的推广也越来越普及。以前人们习惯称含金量低的首饰或特种材料的首饰为"假首饰"，其实这种说法比较片面。在人们仅仅将首饰当作保值的商品或当作炫耀财富、地位的象征符号时，首饰的材质会显得非常重要；而当人们将首饰当作装饰或艺术品时，无形的设计价值或艺术价值才会被人们承认。可以说，制作首饰的材料非常多，包括传统的贵重金属和宝石，也包括非贵重金属和宝石，甚至包括一次性材料、废料等，这其中可能有废旧电路板、废报纸、纽扣、布料、塑料、毛线、陶瓷、玻璃等。因此，我们就尝试从贵重金属与非贵重金属、贵重宝玉石与非贵重宝玉石、首饰制作新材料三大类来阐述首饰材料的特性、用途、常用工艺等。

第二节
贵重金属与非贵重金属

贵重金属常被称作贵金属，常用的贵金属可分为黄金、铂金、钯金、纯银等。下面介绍几种常用贵金属的属性和工艺特点。

一、黄金（Gold）

化学符号：Au

硬度：摩氏 2.5

熔点：1064.43℃、1945°F

密度：19.32g/cm³

产品标注：24K（纯金），此外合金有 22K、18K、14K 等

黄金是人类最早使用的贵金属，在自然界中以沙粒状或块状体呈现，具有稀缺、延展性能优良、颜色美丽、抗腐蚀的特点，是有史以来最为人们喜爱的首饰制作材料。黄金的产量有限，它的韧性和延展性是最好的。纯黄金（24K 金）颜色金黄，光泽明亮。传统概念中，中国人比较喜欢用纯金打制首饰。其实纯金并不适合直接制成首饰，因为它极其柔软易变形。因此，国外首饰制作行业，通常将纯金与其他金属制成合金来达到理想的硬度。

每一种合金都具有某种独特的性格，表现在颜色、熔点、硬度、延展性和可锻性等方面。以白色黄金（White Gold）为例，它包含铂和钯，比黄金的熔点高，颜色比铂白，但比标准纯银暗。它在加工时，须均匀地加热并退火，否则将导致爆裂。黄金可溶于王水、氯溶液、氰化钾或氰化钠。黄金在合金中所占

的相对数额称为 Karat，通常称之为"K 金 (Karat Gold)"或"开金"。为了具体表示，人们把黄金合金的含金量划分成 24 份，每一份为 1K，纯黄金（足金）为 24K。彩色金合金即彩色 K 金，其中金和其他金属如银、铜等的含量不同，会出现各种颜色，包括红色、橙色、黄色、绿色、蓝色、青色、紫色、白色、灰色、黑色等多种颜色。

　　欧美的黄金计量单位为"盎司（oz）"和"磅（lb）"。盎司可分金衡盎司（Ounce Troy）和常衡盎司（Ounce Avoir）两种。1 公斤（kg）=32.14 金衡盎司（oz troy），1 金衡盎司（oz troy）=31.1035 克（g），1 克（g）=0.03215 金衡盎司（oz troy）

二、铂金（Platinum）

　　化学符号：Pt

　　硬度：摩氏 4~4.5

　　熔点：1773℃、3224°F

　　密度：21.5g/cm^3

　　产品标注：足铂金 Pt999，另有 Pt990 和 Pt900 等。

　　铂金又称纯白金，是一种密度很高的白色金属。铂金在自然界中产量较稀少，具有可塑性、韧性和很高的抵御腐蚀能力。它的化学性能很稳定，不会在空气中氧化，不溶于盐酸和硝酸，但与王水组合时会溶解，形成氯铂酸，是一种重要的化合物。在生产中，人们很少用 100% 的铂制造首饰，因为纯铂对于日常穿戴来说过于柔软。所以通常将纯铂与其他的铂族金属、铜、钴等制成铂合金（platinum Alloy）来优化其品质和适佩性。铂作为首饰材料最主要的优点是其良好的韧性和抗污能力，重复加热、冷却也不会导致其硬化和氧化反应，仍旧保持明亮、闪耀的色彩。

　　铂的成色表示采用千分位法，即足铂金为 999（在首饰领域内视 990 为足铂金），铂合金有 950、900、850 等，在我国目前的市场上较常见的有 990 和 900 两种，偶尔也可见到 850 的铂金项链，凡铂金首饰均须打上印签代号 Pt 或 Pm，或 platinum 及 plat 等记号，在我国以 Pt 为最多见。

三、钯金（Palladium）

　　化学符号：Pd

　　硬度：摩氏 4~4.5

　　熔点：1555℃、1555°F

　　密度：12g/cm^3

　　产品标注：Pd950、Pd900、Pd750 等

　　钯是铂族金属之一，主要由自然钯熔炼而成。它的颜色银白，外观与铂金相近，金属光泽，延展性强，硬度比铂金稍硬（硬度"摩氏"钯 4.5，铂 4.3）。其化学性质较稳定，不溶于有机酸、冷硫酸或盐酸，但溶于硝酸和王水，常态下不易氧化和失去光泽，温度 400℃左右表面会产生氧化物，但温度上升至 900℃时又恢复光泽。钯与铂一样为稀有金属，在地壳中的含量仅为一亿分之一，只有俄罗斯和南非等少数国家出产，每年总产量不到黄金的 5%。近期由于国外首饰加工业对其性能的掌握，已经开始少量加工钯金来制作首饰和装饰艺术品，并且逐渐形成时尚潮流。国际上钯金饰品的印签代号为 Pd 或 palladium，并以纯度之千分数字代表，如 Pd950 表示纯度是 950‰，钯金饰品的规格有 Pd950、Pd900、Pd750。

四、纯银（Fine Silver）

　　化学符号：Ag

　　硬度：摩氏 2.7

　　熔点：960.5℃、1761°F

　　密度：10.5g/cm^3

　　产品标注：SV999

标准银（Sterling）

硬度：摩氏 2.7

熔点：893℃，1640° F

密度：10.41g/cm³

产品标注：Sv925 或 925

银存在于辉银矿中，提炼过程比炼金难一些。银可以反射 95% 的光，因此被认为是最有光泽的金属。像纯黄金一样，纯银过于柔软，需要与其他金属做合金来提高它的硬度。尽管很多种金属可以用来和纯银做合金，但其中铜是最适合的，因为它在加强合金硬度的同时，不会减弱其闪亮的金属光泽。标准银，俗称 925 银，是最常用于首饰和银器制作的合金。银的本身化学性能较活泼，容易氧化而使得表面失去光泽，颜色变黑。如果在银首饰表面镀上一层光泽较强的铑，可获得比较满意的效果，并使其更加明亮，也更耐磨。

五、铜（Copper）

化学符号：Cu

硬度：摩氏 2.5

熔点：1083℃、1981° F

密度：8.96g/cm³

相对其他金属而言，铜的储量丰富，易于开采，并且用途广泛，从发现至今已有一万多年的历史，可能是人类的祖先最早使用的金属，至今仍然起着重要的作用，为各国人民所喜爱。铜的导热和导电性能良好，具可锻性和可塑性，与银的加工方法相似。它的熔点高，适合于低温焊接。当它暴露于空气中时，颜色将逐渐变黑。铜易于与其他的金属元素结合，迄今为止，所知的以铜为元素的合金超过百种。

黄铜（Brass）熔点：954℃、1750° F，密度：8.5g/cm3，黄铜是铜和锌的合金，这种混合产生的黄色金属比它的任一成分都要硬。由于延展性差，

大部分黄铜烧红后都经不起锻打，一锤就开裂。但又因其可塑性和抗腐蚀性良好，它被广泛应用。大多数镀金首饰的金属原料为黄铜。

青铜（Bronze）是铜和锡的合金，在几千年前的人类文明中扮演了极其重要的角色，在旧石器时代和新石器时代后，赋予人类材料发展的第三个阶段"青铜时代"的名称（公元前 5000 年）。到了中世纪，人们制作了多种青铜合金，把铜和锡进行不同比例的调配。就属性来说，青铜比铜硬，易于熔化、浇铸，不易于被腐蚀。中国的青铜器是举世闻名的。而用在日常生活中的青铜日用品也不少，如铜镜、发钗等。

六、铝（Aluminum）

化学符号：Al

熔点：660℃、1220° F

密度：2.7g/cm³

铝是世界上储藏最丰富的金属，覆盖了地球表面的 8%，在最易于锻铸的金属中排名第二，在最具韧性的金属中排名第六。它的颜色呈灰色，可以被阳极氧化成各种明亮的色彩。它具有抗腐蚀能力强、质地轻和成本低的特点。铝只能用特殊的焊料焊接或连接，很多种铝合金有自己特配的助焊剂。焊接可以用 43S 或用 #33 助焊剂的 #717 金属丝来完成。铝还适合阳极氧化，通过电流导致其表面形成抗氧化膜，然后用染色剂使膜着色，成品铝可以获得许多种颜色。

七、钛（Titanium）和铌（Niobium）

钛：化学符号：Ti

熔点：1800℃、3272° F

密度：4.5g/cm³

铌：化学符号：Nb

熔点：2467℃、4474° F

密度：8.57g/cm^3

钛和铌金属都是呈灰色、质地非常轻、强度非常大、抗氧化极强的金属，由于它们的熔点也非常高，因此耐热性很强，通常被用来制作飞机、火箭等航天飞行器，也被用于制造跑车、防火器材等。钛和铌金属被用于首饰的制作也始于十几年前。由于在阳极氧化过程中钛和铌都能够呈现非常鲜艳的色彩，尤其是铌金属染色后，颜色更鲜艳明亮，所以有些艺术家将它们用于首饰的制作。稍后将详细叙述阳极氧化钛和铌金属的过程。

八、镍（Nickel）

化学符号：Ni

熔点：1453℃、2651° F

密度：8.9g/cm^3

镍为坚硬的白色金属，主要作为合金的元素来被使用，这样不用削弱其延展性，就能增强硬度和抗腐蚀的能力。镍合金被广泛用于钱币制造中，为大众所熟悉。在首饰制作中，如果镍在合金中的比例超过一定的标准，镍辐射过量，会导致佩戴耳环、耳钉等饰品时，发生皮肤接触部位发炎的情况。国家关于最新的贵金属检验标准中，对镍的释放量有明确规定。其中提到，用于耳朵或人体的任何其他穿孔部位的首饰制品，其镍在总体质量中的含量必须小于0.5‰。标准中强调，与人体皮肤长期接触部分的镍释放量必须小于每周0.5ug/cm^2；上述制品如表面有镀层，其镀层必须保证与皮肤长期接触部分在正常使用的两年内，镍释放量小于每周0.5ug/cm^2，否则不得进入市场。

九、铁与钢（Iron & Steel）

化学符号：Fe

硬度：摩氏2.5

钢的熔点：1063℃、1945° F

铁的熔点：1539℃、2802° F，密度：19.32g/cm^3

铁被更广泛地提炼出来用于制作优质钢材。通常人们认为铁是非常廉价的材料，不能用在首饰制作中，但现代首饰的设计师们，如Pat Flynn，以创新的设计理念将铁与钢应用在首饰中，从而改变了人们的观念。现代男性首饰中对钢的使用也逐渐被消费者接纳。由于不锈钢的耐腐蚀性，因此许多人喜欢佩戴不锈钢的首饰胜过银。

第三节
贵重宝玉石与非贵重宝玉石

宝玉石的运用在首饰制作中很常见，有时甚至是必不可少的。常用的宝玉石有钻石、红宝石、蓝宝石、祖母绿、猫眼石等。下面我们将介绍宝玉石的品种分类。

珠宝玉石（宝石）
- 天然珠宝玉石
  - 宝石
  - 玉石
  - 珍珠等有机贵重材料
- 人工宝石
  - 人造宝石
  - 拼合宝石
  - 再造宝石
  - 合成宝石

一、珠宝玉石分类

按照国家标准 GB/T 16552 — 2003《珠宝玉石名称》，珠宝玉石分类如下（图1-3）：

图1 欧洲铁首饰

二、常见珠宝玉石品种

常见天然宝石有钻石、红宝石、蓝宝石、金绿宝石、祖母绿、海蓝宝石、绿柱石、碧玺、尖晶石、锆

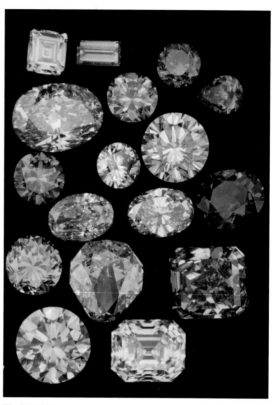

图2 各种宝石。
Harold & Erica Van Pelt（美国）摄

图3 各种色彩宝石。
Harold & Erica Van Pelt（美国）摄

石、托帕石、橄榄石、石榴石、石英、长石等。其中钻石、红宝石、蓝宝石、金绿宝石、祖母绿为五大珍贵宝石。

常见玉石有翡翠、软玉、欧泊、玉髓（玛瑙）、木变石（虎睛石、鹰眼石）、石英岩（东陵石）、蛇纹石（岫玉）、独山玉、绿松石、青金石、孔雀石等。

常见有机宝石有珍珠、珊瑚、琥珀、煤精、象牙、龟甲（玳瑁）等。

常见人工宝石有合成钻石、合成红宝石、合成蓝宝石、合成祖母绿、合成欧泊、合成石英、合成绿松石、人造立方氧化锆、人造碳硅石、人造钇铝榴石、塑料、玻璃等。

三、珠宝玉石的外观特征

宝玉石由于其本身自然结构不一，所产生的颜色、光泽、透明度等也不同。

■ 1. 颜色

颜色是宝石最富感情色彩的外观特征之一，对色彩的准确把握可以表达出设计师的设计语言和意图。常见无色宝石品种有钻石、锆石、石英及透明玻璃、人造立方氧化锆、人造碳化硅等。常见有色宝石有红色宝石、蓝色宝石、绿色宝石、黄绿色宝石、黄色宝石、紫色宝石、黑色宝石。

中国人特别喜欢的玉有多个品种。常见绿色玉石品种，如翡翠、绿色软玉（碧玉）等；常见白色玉石品种，如和田玉、白色翡翠等；常见彩色玉石品种，如绿松石、孔雀石、青金石、鸡血石、黑曜岩等。

■ 2. 光泽

宝石的光泽是宝石表面反射光的能力。一般来说，宝石的反射率、折射率越大，宝石的光泽越强。美丽的光泽可以带给宝石迷人的魅力，如金属光泽的明亮、金刚光泽的冷艳、油脂光泽的温润、珍珠光泽的柔和

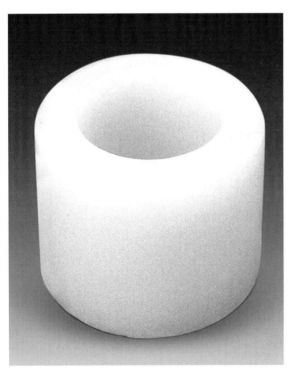

图4 白玉的油脂光泽

图5 珍珠光泽

图6 "希望" 钻石的金刚光泽

图7 俄国沙皇翠榴石钻戒。
Harold & Erica Van Pelt（美国）摄

等。在宝石学中，按光泽的强弱可将光泽分为如下几种（图4-7）。

金属光泽：表面呈金属般的光亮，如自然金、自然铂等。

半金属光泽：表面呈弱金属般的光亮，如赤铁矿、黑钨矿等。

金刚光泽：表面呈金刚石般的光亮，如金刚石。

玻璃光泽：表面呈玻璃般的光亮，大多数宝石为玻璃光泽，如祖母绿、水晶等。

另外，在宝石中，还有一些由集合体或表面特征所引起的特殊光泽。

油脂光泽：常出现在一些具玻璃光泽或金刚光泽宝石的不平坦的断面上，或一些集合体颗粒的表面，如石英和石榴石的断口多为油脂光泽。

蜡状光泽：在一些集合体矿物表面，由于反射面的不平坦，产生的一种比油脂光泽暗些的光泽，如叶蜡石。

珍珠光泽：在珍珠表面或一些浅色透明宝石表面见到的一种柔和而多彩的光泽。

丝绢光泽：在一些纤维状集合体表面或具完全解理的矿物表面见到的光泽，如木变石。

树脂光泽：一种类似于松香等树脂的表面呈现的光泽，如琥珀。

土状光泽：一种暗淡的如土状的光泽，如风化程

度较高的劣质绿松石。

■ 3. 透明度

透明度指宝石允许可见光透过的程度。宝石透明度划分如下。

透明：透过宝石观察物体，物体轮廓清晰，如水晶等。

亚透明：能透过宝石观察物体，但有些变形（略变模糊），如白玉髓等。

半透明：透光困难，无法透视，如金绿猫眼等。

亚半透明：在宝石的边缘部分能透过少量的光线，如青金岩等。

不透明：宝石不透明不透光，如黄铁矿等。

■ 4. 特殊光学效应

特殊光学效应为由光的反射、折射、干涉等作用在宝石中产生的特殊光学效应现象。主要的特殊光学效应有猫眼效应、星光效应、变彩效应、变色效应、晕彩效应、月光效应、砂金效应等（图8-13）。

猫眼效应：是弧面形切磨的某些宝石表面出现的一条明显光带，犹如猫眼的现象。猫眼效应的形成是由于宝石内定向排列的一组针状包裹体或结构与光的反射相互作用所致。常见具有猫眼效应的宝石品种有

图8 猫眼光学效应

图9 透明琢面宝石

图10 不透明宝石

图11 六射星光的红宝石

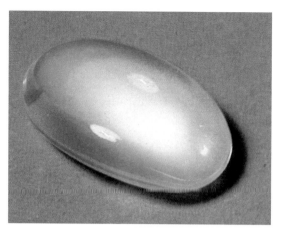

图12 月光石的月光效应

图13 欧泊的变形效应

金绿猫眼、石英猫眼、木变石猫眼、海蓝宝石猫眼、阳起石猫眼、磷灰石猫眼、透辉石猫眼、碧玺猫眼、方柱石猫眼、长石猫眼、矽线石猫眼、玻璃猫眼等。

星光效应：指在切磨成弧面形的宝石中见到的一组放射状的星状闪光效应，犹如夜空中闪烁的星星，常有四射、六射、十二射星光。星光效应是由宝石内部两组或两组以上定向排列的针状包裹体与光的相互作用所致。常见具有星光效应的宝石品种有刚玉、铁铝榴石、尖晶石、绿柱石、辉石等。

变彩效应：由于宝石的特殊结构对光的干涉、衍射作用产生的颜色，并随着光源或观察角度的变化而变化，这种现象称为变彩，如欧泊。

变色效应：在不同光源的照射下，宝石呈现明显颜色变化的现象称为变色效应，常用日光和白炽灯两种光源进行观察。变色效应是因宝石所含微量元素对不同波长可见光的吸收程度不同造成的。常见具有变色效应的宝石品种有变石、蓝宝石、石榴子石、尖晶石、萤石、蓝晶石等。

晕彩效应：因宝石的特殊结构和宝石内聚片双晶薄层之间的光相互干涉作用引起的颜色，如拉长石。

月光效应：长石类宝石因平行层状双晶等结构对光的散射、干涉、衍射作用在表面产生的漂浮状的白色或蓝色的浮光，产生看似朦胧的月光效应，如月光石。

砂金效应：因宝石内含有细小的片状金属矿物，在光线下反射产生的闪闪发光的效应，如日光石。

■ 5. 琢形

琢形指宝石被切磨加工成的形状。合适的琢形可以有效地表现出宝石的亮度、火彩等，增加宝石的价值。如下表所示，宝石的琢形可分为刻面形、弧面形、珠形、异形、雕件等五类（表1）。

表1 宝石琢形分类

	刻面形（也称棱面形、小面形、翻光面形、明亮形）的常见琢形			
① 圆形刻面形（圆多面形）		圆多面形刻面形		圆多面形刻面形宝石
② 椭圆形刻面形		椭圆形刻面形		椭圆形刻面形宝石
③ 阶梯形刻面形（或祖母绿形）		阶梯形刻面形		阶梯形刻面形宝石
④ 橄榄形刻面形		橄榄形刻面形		橄榄形刻面形宝石
⑤ 心形刻面形		心形刻面形		心形刻面形宝石
⑥ 梨形（或水滴形）刻面形		梨形刻面形		梨形刻面形宝石

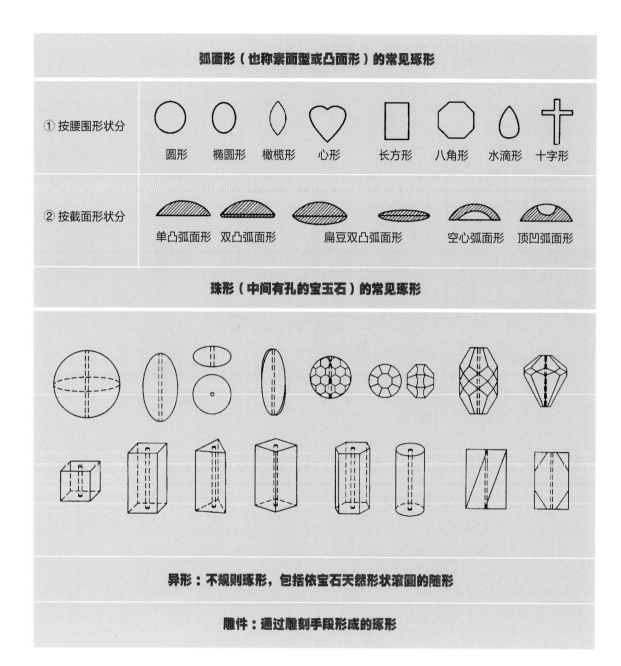

弧面形（也称素面型或凸面形）的常见琢形		
① 按腰围形状分	圆形　椭圆形　橄榄形　心形　长方形　八角形　水滴形　十字形	
② 按截面形状分	单凸弧面形　双凸弧面形　扁豆双凸弧面形　空心弧面形　顶凹弧面形	

珠形（中间有孔的宝玉石）的常见琢形

异形：不规则琢形，包括依宝石天然形状滚圆的随形

雕件：通过雕刻手段形成的琢形

第四节
首饰制作新材料

一、珐琅（Enamel）

珐琅也叫玻璃釉，是一种复合性材质，是在金属的表面熔填的一种有色的玻璃质釉料。它的基本成分为石英、长石、硼砂和氟化物，与陶瓷釉、玻璃同属硅酸盐类物质。珐琅釉料有很多种，如块状、线状、液体状和粉末状，烧制成后的釉料有透明釉、不透明釉和乳白色釉。

珐琅工艺是一种独立的金属工艺，源自波斯的铜胎掐丝珐琅，约在蒙元时期传至中国，明代开始大量烧制，并于景泰年间达到了一个高峰，后世称其为景泰蓝工艺（图14）。掐丝珐琅器在明代的景泰和成化两朝最为常见，其后工艺水平均明显下降。珐琅作为一种表面装饰的材料和工艺，在艺术领域中得到了广泛应用。近年来，珐琅以其绚丽而又饱满的色彩赢得了首饰艺术家的青睐。珐琅熔融过程中的流动性，是其他固体宝石镶嵌所不能达到的，这就为首饰作品增添了几分随意性和趣味性（图15）。

图14 清代珐琅彩

图15 "X"系列胸针。银、紫铜、玻璃珠、金银箔、珍珠。作者：张妮（2016）

二、陶瓷（Ceramic）

陶瓷，陶是由黏土组成或主要含黏土的混合物，它的烧制温度一般不超过摄氏 1000℃；瓷器是以高岭土等作为原料，烧制温度高，在摄氏 1360℃以上，并涂以高温釉烧制而成。瓷器色白质硬，呈半透明状，有好的强度，缺点是易碎。陶瓷首饰中应用的瓷泥一般是高白泥，这种泥细腻而色泽柔和，足制作陶瓷首饰的理想材料（图 16、17）。

三、玻璃（Glass）

玻璃是非常神奇的材料，晶莹透亮，冷峻而坚固，同时具有折光反射的特点。玻璃是由无机氧化物产生，硅土（或沙子）是最重要的成分。它具有透明、多彩等吸引人的特点，清澈明净的高雅气质在玻璃作品中达到了登峰造极的程度，现代玻璃艺术所呈现出的是一个绚丽多姿的世界。玻璃材质为许多首饰艺术家所钟爱，它在首饰中的应用已经比较普遍，其缺点就是不容易把握且易碎易损（图 18）。

四、树脂（Resin）

作为塑料制品加工原料的任何聚合物都被称为树脂。树脂有天然树脂和合成树脂之分。天然树脂是指由自然界中动植物分泌物所得的无定形有机物质，如松香、琥珀、虫胶等。合成树脂是指由简单有机物经化学合成或某些天然产物经化学反应而得到的树脂产物。树脂加热后能软化，方便塑形，是制作首饰的理想材料。这种材料易于加工且色彩丰富。首饰艺术发展到今天，许多艺术家用这种新材料来表达自己对首饰概念的全新的诠释，他们把我们带入了一个色彩斑斓、形式多样的首饰世界（图 19）。

图16 峨寒之墨石胸针。纯银、陶瓷、水磨石。作者：宁晓莉

图17 "褪红"胸针。陶瓷、银、珍珠。作者：宁小莉

图18 戒指。玻璃。作者：Emi Fujita（美国）

图19 "颜"胸针系列＃5。树脂、银。作者：张雯迪

图20《那年，她来过》。纺织面料、丝线。作者：王书利

图21《凝固时间：默系列》。纤维，银，羊毛。作者：戴芳芳

五、纤维（Fiber）

　　纤维是天然或人工合成的细丝状物质。不同工艺的纤维具有不同的性能。纺织纤维具有一定的长度、细度、弹性、可塑性强等良好物理性能，还具有较好的化学稳定性。棉花、毛、丝、麻等天然纤维是理想的纺织纤维。棉纤维以柔软舒适为特点，麻纤维吸汗，毛纤维具有非常好的手感、弹性、保暖性，丝纤维轻滑亮丽（图20、21）。

　　现代首饰艺术家及设计师在材料开发尝试中已经有许多可喜成果，许多人开始使用"廉价"材料，如纸（图22）、光纤、LED材料（图23）、拾来物等进行设计创作。只是大众还比较难以接受这些材料作为首饰材料。不过国外许多此类首饰已经被收藏购买，中国市场还有待于了解和理解此类以创意取胜的作品。

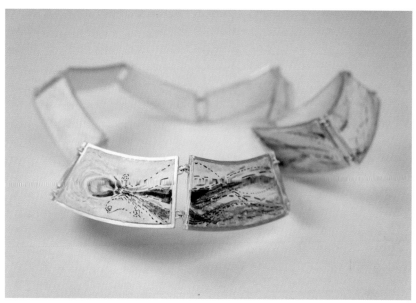

图22 《刻印的争战》。925银、纸、颜料。作者：刘晓辰

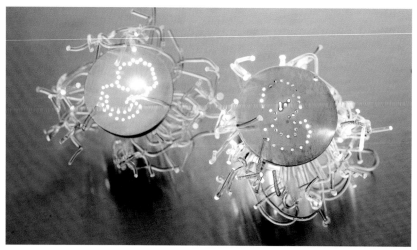

图23 "光与波"胸针#4，#5（胸针）。银、LED。作者：许嘉樱

第 **5** 章

首饰及金工基础及
特种工艺简介

第一节
镂空工艺

　　镂空工艺在首饰设计中是被采用的最为广泛的工艺（图1）。设计师要先绘制设计图，标明何处为镂空何处为保留区域。镂空项坠的成形工艺如下。

　　步骤1：先在纸上画出草图，将纸粘在金属表面。

　　步骤2：将外轮廓用剪刀剪下或用锯锯下，并将外轮廓锉光滑。

　　步骤3：先用錾子在需要镂空的区域敲出凹痕（以免钻头打滑）。

　　步骤4：将工件放在钻孔机下，在需要镂空的区域中间钻出小孔。

　　步骤5：将锯条通过小孔钻进要镂空的区域。

　　步骤6：按照轮廓线逐个镂空（注意，不要太靠边缘，要留出锉磨的空间来）。

　　步骤7：将边缘锉光滑齐整，以及将表面打磨平整。

　　步骤8：将工件放进清洗机（如磁抛机）清洗。

　　步骤9：完成佩戴图。

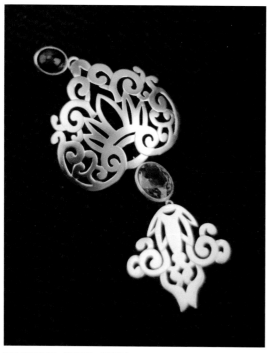

图1 镂空作品。设计师：黄巍巍

步骤1 先在纸上画出草图，将纸粘在金属表面

步骤2 将外轮廓用剪刀剪下或用锯锯下，并将外轮廓锉光滑

步骤3 先用錾子在需要镂空的区域敲出凹痕（以免钻头打滑）

步骤 4 将工件放在钻孔机下，在需要镂空的区域中间钻出小孔

步骤 7 将边缘锉光滑齐整，以及将表面打磨平整

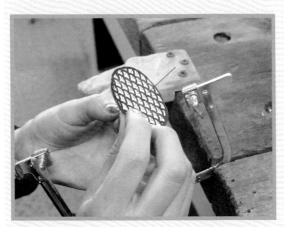

步骤 5 将锯条通过小孔钻进要镂空区域

步骤 8 将工件放进清洗机（如磁抛机）清洗

步骤 6 照轮廓线逐个镂空（注意，不要太靠边缘，要留出锉磨的空间来）

步骤 9 完成佩戴图

第二节
镶嵌工艺

宝石镶嵌工艺是首饰产品最为常见的工艺，镶嵌工艺大致分为包镶、爪镶、槽镶、起钉镶等。此处以下图胸针为例，采用包镶工艺。

步骤 1：根据镂空工艺准备所要镶嵌的其他工件部分。

步骤 2：制作镶嵌部分，先根据宝石大小制作内外圈。

步骤 3：检查齿口大小与宝石是否吻合。

步骤 4：焊接内圈、外圈。

步骤 5：将所有部件焊接成形。

步骤 6：将齿口边缘修整齐，使周围高度一致。

步骤 7：将背针焊接到工件上。

步骤 8：经讨浸酸、抛光之后，打磨镶边并铣深镶口。

步骤 9：放入宝石，挤压金属镶边，镶嵌牢固。

步骤 1 根据镂空工艺准备所要镶嵌的其他工件部分

步骤 2 制作镶嵌部分，先根据宝石大小制作内外圈

步骤 3 检查齿口大小与宝石是否吻合

步骤 4 焊接内圈、外圈

步骤 5 将所有部件焊接成形

步骤 6 将齿口边缘修整齐，使周围高度一致

步骤 7 将背针焊接到工件上

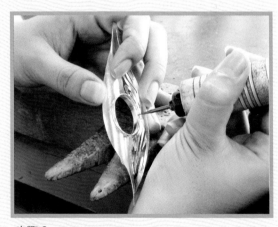

步骤 8 经过浸酸，抛光之后，打磨镶边并铣深镶口

步骤 9 放入宝石，挤压金属镶边，镶嵌牢固

第三节
木纹技术

金属的木纹制作技术源自日本（图2、3），制作木纹技术基本有三种不同方法：焊接、熔接和扩散。因为前两种比较普遍，因此这里重点介绍前两种方法。

一、焊接成形法（Sweat Solder）

这种工艺之所以被称为 Sweat Solder，是因为在焊接过程中，两片金属完全在熔化的焊片中连接到一起，好像人身上出汗一样，必须均匀地熔化焊药，不能有任何缝隙或焊药未流淌到的地方。这种焊接方法对制作者的焊接技术要求比较高。

首先，金属薄片要平整，用浮石擦净金属，并用酒精溶剂去除金属表面的油污。金属片的大小以1英寸左右的方形为合适。一层925银和一层紫铜或黄铜是比较好的结合方式。

1. 尽可能锻打或压薄焊片，并保持焊片清洁。切一块小于叠层金属片的焊片薄片。

2. 在金属两面涂上薄薄一层焊剂，并把焊片薄片叠加于两片金属片之间。用大而浓密的火焰加热整块叠层金属块。如果你的火枪不能调节到这种火焰，可以把金属片放在木炭上，可能的话用另一块木炭块靠在背后，这样有利于氧的吸收。等到焊药熔化时要及时压紧两片金属，否则容易导致金属变形而引起缝隙。

3. 自然冷却，不要骤然冷却，一定要等到红色褪却后再放进酸缸里。

4. 锻打或压薄金属片使其厚度缩减到二分之一，然后把它切成两半，擦净并在两片金属片表面涂上焊剂。用另一片焊片焊接两片金属，这就变成两层的多层叠片，然后再自然冷却。

5. 重复上述步骤，直到完成所希望的金属片层数，通常制作过程中从最初的2层到4层，再不断碾压并焊接，然后8层、16层、32层，这样会得到较好的效果。当得到32层的焊接片后碾压至理想的厚度（比如1mm或1.5mm）。

6. 把制作好的叠层金属片放在较软的材料表面上，如柏油或软木，然后用小的錾子把金属片敲打成高低不平的形状。这种高低的形可以是随意的，也可以是有次序的，还可以用一种或几种工具敲打，形成圆形、长形等不同形状的木纹效果。如果某一个凹凸深度超过金属原本的厚度，就会在下一步锉平金属顶部时出现

图2 手镯。金、银、铜木纹。
作者：Jill Newbrook（美国）

图3 手工锻造《触.果》。紫铜、925银、木纹金、紫光檀、黄杨木。
作者：李房伟

洞孔。用常规的技术锉、打磨、抛光金属另外凸起的一面，直到显现出木纹的丰富图案。为了使木纹效果更明显，有时可以用金属氧化剂氧化铜或银的部分。

二、熔接方法

这种方法是把金属片放在焙烧炉里，将温度调至金属的熔点温度，加热到它们的熔点，表面呈胶状就熔合了。这种技术较难控制，但可创造出丰富的肌理和不寻常的效果。

选择的金属要熔点接近。因为相近熔点的金属像液体一样会很快混合。就像将水倒入牛奶中一样，两者很快就混合了。当金属冷却后，两片金属间的接口会消失。熔接工艺也可称熔合。熔接的难度在于难以控制金属的熔化。通常这种方法不适合精确的创作。一个重要的例外是铂，它适合熔接技术。当不需严格控制温度时，熔接可以创作出有趣的形或肌理。贵重金属的熔接反应要比紫铜、黄铜或镍银好。

第四节
钛、铌金属的阳极氧化着色处理

笔者在美国留学期间，曾获得一笔研究生研究基金，研究项目便是钛、铌金属的阳极氧化着色在首饰中的应用（图4、图5）。现将部分过程整理如下。

在应用阳极氧化处理使钛着色的过程中，我们需要一个"正负极转换器"。

1. 首先把钛或铌金属片用纸和清洁剂清理干净，再用抛光剂 Zam 磨光。这个过程和汽车挡风玻璃的清理方法很相似。要确保金属片表面没有油脂或污物。清洗后的金属片不能直接用手指碰触。

2. 在将作品放入液体中时，要非常小心地使用电流。如果放入的时间过长，钛的颜色将会失去而得不到恢复，因此，把作品放置进去停留的时间长短很关键。

3. 在作品放入液体后，颜色是从彩虹带的暖色系里慢慢变冷变深的。因此要时刻注意颜色的变化。如果不希望有些区域着色，可以用胶带遮盖保护，胶带还有助于完成不同图案的色彩变化。

4. 阳极氧化着色后的金属不能焊接，因此要用"冷连接（Cold Joint）"的方式将之连接到整件作品上，比如用铆钉、链条等方式。着色层非常容易受到刮擦伤害，因此要注意保护。

图4 《城》系列之二。钛金属。作者：段燕俪（2015）

图5 《月之印象》局部。钛着色、镍、铜。作者：郭新

第五节
手工锻造工艺

手工锻造其实是最古老的金属工艺之一。人类在进入工业化生产以前，大部分的金属器皿，尤其是日用器皿皆是手工锻造，上至宫廷用的皇家器皿如金银器，下至平民百姓用的锅、盆、壶等。最适宜锻造的金属是紫铜，因为它的延展性最好。在不断的敲打过程中，金属会变得越来越硬，但是经过退火，它又会变得柔软。薄的铜片在刚刚退完火时甚至用手都能弯折。纯银也是非常柔软的材料，在锻造中可塑性也非常强。以下为简单器皿的成形步骤。

步骤 1：首先，根据作品大小裁下板材，需要注意的是，在锻打的过程中，金属的延展性会使金属变薄。金属板可以用大的剪刀或比较大型的裁板机裁切。

步骤 2：用锉刀将边缘锉平。

步骤 3：将锉好的铜板进行退火软化，在锻造过程中，这一工艺要重复许多遍。

步骤 4：将退火完毕的铜板放在沙袋上敲击出大概的圆拱形。当然锻造的过程中可以将形往任意方向延展，这是非常有机生长的一个过程，中间也有许多随机的成分在变化着，这也是锻造的魅力所在。

步骤 5：把具有雏形的铜板放在不同形状的模具上进行造型，模具的形状根据造型的需要进行选择，有时模具是需要自己设计制作以便适合不同造型用途。

步骤 6：用铅笔画出从大到小的圆，从里圈往外一圈一圈有规律地锻打，这时候可以用木槌或橡皮槌，金属锤也可以使用，这样可以加速成形，但是最后需要把所有的锤痕锉磨平整光滑。通常我们用橡皮槌比较多，因为这样不容易留下槌痕。

步骤 7：最后将成形的器皿用小的平头铁锤敲平，并打磨、抛光直至完成。

当然，以上步骤显示的只是最简单的成形方式。根据作品的设计，我们可以选择不同的工艺技术。模具也可以自己根据需要制作。在使用锻造工艺的同时，你也可以配合使用其他的工艺，如焊接、珐琅、氧化着色等。

金工锻造工艺的用途非常广泛，当用在首饰中时配合其他工艺，可以产生非常丰富的效果。如利用锻造的技术可以锻出浅浮雕等图案。在图 6、图 7 中，设计师曹毕飞就采用了锻造技术锻出浅浮雕的云纹。除了以上介绍的几种常见工艺，这几年随着国家对非遗工艺和民间工艺的重视，花丝工艺也成为一种发展较快的首饰工艺，得到越来越多艺术家和设计师的重视（图 8、9）。而高科技的发展也为首饰带来了新的技术，比如 3D 打印首饰的出现，也将成为首饰产业新技术的一个重要部分（图 10）。

步骤 1 首先，根据作品大小裁下板材

步骤 2 用锉刀将边缘锉平

步骤 3 将锉好的铜板进行退火软化，在锻造过程中，这一工艺要重复许多遍

步骤 6 用铅笔画出从大到小的圆，从里圈往外一圈一圈有规律地锻打

步骤 4 将退火完毕的铜板放在沙袋上敲击出大概的圆拱形

步骤 7 最后将成形的器皿用小的平头铁锤敲平，并打磨、抛光直至完成

步骤 5 把具有雏形的铜板放在不同形状的模具上进行造型

图6 《过程》胸针系列#2。铜、银。
作者：曹毕飞

图7 《过程》 胸针系列#2。胸针。铜、
银、贝壳。作者：曹毕飞

图8 胸针《如鹰展翅上腾》。18K金、欧
泊。作者：曹毕飞

图9 丝链系列。纯银。
作者：颜如玉

图10 几何派对项链。3D打印。
作者：成乡

第6章

首饰工作室创建

工作室的创建，无论是个人的还是较大型教学用的，基本上都应该遵循三个原则：实用性、安全性和便捷性。学校工作室所需要的工具设备基本上大同小异。个人工作室配备的工具设备比较简单，个性化比较强（图1）。教学用工作室要求设备工具比较全面，能够满足课堂教学各方面及多种工艺的需要，在空间规划上更加严格。本章图中的工具设备都可以配备在个人工作室或高校工作室。

在许多西方国家，中学里就配备有首饰教学工作室，因为手工课在教学中占有比较重要的比例，是作为学生综合能力培养的重要的一部分。当然每个学校的设施不尽相同，从简单到复杂都有。此外，许多社区也设有艺术中心，首饰工作室是常见的设施（图2-6）。我国在今后的发展中也会逐渐重视这一方面的建设。本章是为帮助那些有意自主创业建立个人工作室的设计师或有意帮助学校建立首饰工作室的人获得一些必要的基础知识。经常有人咨询笔者，创建工作室需要做些什么样的准备、需要哪些设备工具、到哪里购买等种种问题。本章就工作室建设分享自己的几点经验。

图2 学生在首饰工作室内进行操作

图3 学生正在首饰工作室进行操作

图1 美国设计师Deborrah Daher的个人工作室，图为典型的首饰工作台

图4 敞开式工作台便于学生交流

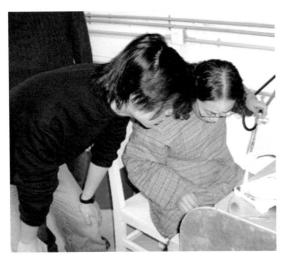

图5 焊台要在教师或技师的指导下使用，尤其要注意防火安全

图6 教师在教学中要以示范为主，通常采用教师和技师双轨制教学模式

一、工作室创建构想及实施方案

■ 1. 企划书及项目实施时间表

首先，在做一件事情之前，我们需要坐下来写下事情的目标、可行性、行动方案等。因此，不管是教学用工作室还是个人工作室的建设，都应该经过这个比较理性的分析过程。我们可以把用这个写成的文件称为"企划书"，这个企划书能够帮助我们在做具体的事情前思考清楚，制订全面的计划。

对于教学用工作室来说，首先要考虑的是建工作室的目标是什么，目标确定了才能制订建设方案、购买适合的工具设备。还要考虑授课对象是谁、空间能够容纳多少人同时上课、上课内容涉及哪些工艺、所学工艺需要配备哪些设备工具、工程预算多少，等等。将这些问题考虑清楚了，才不至于造成资源浪费。如买来的设备不适用就会造成闲置。另外，工作室的配置如果不能一步到位，就需要定一个二期或三期规划。

参照国外首饰行业发展的模式，我们可以看到，随着个性化首饰的需求量越来越大，国内市场对个性化设计的需求量越来越多，因此以手工为主的个性化首饰市场会越来越好，越来越多的设计师也在考虑自主创业开设个人工作室。对于个人来讲，经过一定专业知识技能的培训和学习，打算自主创业的设计师应该对产品的市场定位有一个比较清楚的调查和了解，并且对将要使用的工艺技术有所了解，工作室工具设备的配置是根据要达到什么样的工艺目的而定的，将大概的想法通过"个人创业企划书"写下来。

以个人工作室举例，企划书的内容应该包括以下几个方面。

① 写下建设目标或人生愿景（要敢想但也需要方向明确），没有目标就着急上路的人到达不了任何地方，跑得再快也没有用！只有明确了目标，才有方向；一旦目标确定，就不要轻易更改和放弃。

② 了解资源配备。分析一下，要达到这个目标需要什么样的资源和基础。理性的分析可以帮助我们思

考清楚并有的放矢，不至于浪费人力、物力和财力，也能够帮助我们有计划地朝着目标迈进。

③ 进行现状分析。根据所需的资源分析当前自己的优势、弱势、可能有的机遇、可能遇到的困难等。古语道"知己知彼，方能百战百胜"。知道自己的优势就能够有自信地去做；知道自己的弱势，就可以避免失败并明确努力的方向；知道自己创业可能会成功的机遇和必要条件，就不至于太盲目；知道将来有可能遇到的潜在危机，就能够提前着手去应对。世界上没有哪一件事情会永远一帆风顺，只有具备恒心、坚持并有勇气面对困难的人才有可能成功。我们应该记住：真正的成功，不是和别人比较，而是不断战胜自我、超越自我并不断追求卓越的过程！

④ 列出所需步骤。根据对自己所拥有资源的分析建设步骤。每一个步骤像是通往成功的一个阶梯。步骤列得越全面，越能看到全局，目标也就越明确。一个自主创业的设计师要想靠专业生存，光靠精湛的工艺和有创意的设计理念是不够的，需要调动各种资源，包括和其他人组成团队，一同工作。同时，从个人整

体发展的全局考虑，也不可忽视健康、家庭关系的平衡。如果失去了健康，即使事业再成功也享受不到其中的快乐；如果因为工作失去了家庭，也会让我们追悔莫及。因此，一个人事业的发展必须兼顾到方方面面，才能发展成为一个具有综合能力和素质、有明确目标并能够享受过程且享受成果的快乐人士。

⑤ 制订可行性计划。在大的步骤列出来以后，根据这个规划再列出详细的需要实施的可行性计划，在这些可行性计划中，要包括具体的时间节点、实施人、具体内容等，以便日后根据这个计划进行评估。重点是这些可行性计划要定得具体和切合实际，不要太笼统，也不要不可操作或不可评估。计划做出来就一定要付诸实施。

⑥ 使用工具做计划。为了更好地让大家了解这个过程，我们可以采用商务管理中的一个常用的图表来标出所要进行的项目计划。这个图表是相当有用的一个工具，可以帮助我们把思路理清楚。这个图表也叫作策略性计划过程（Strategic Planning Process）（图 7），网上也可以查到更详细的资料。这个工具不

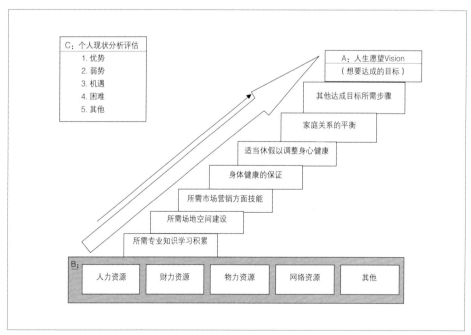

图7 策略性计划过程

仅可以帮助我们列出人生的总体规划，也可以用在比较详细的每个项目的实施过程中，它会帮助我们比较全面并客观地看见整个事情的原委和所需要做到的事情，也会帮助我们更有效地利用资源，避免走弯路。

⑦ 具体可行性计划时间表（表 1）

以上的企划书和时间进度表等仅是一个范例，每个学校或个人可以根据自己不同的情况进行设计和规划。重点是：遵循计划但留出调整的余地，随时评估以及时调整策略和方法。

时间进度节点	内容	可评估性指标
1月~3月	调研设备工具厂家	至少有 3~5 个供应商可选择
4月~6月	联系厂家并按照预算实施采购	列出设备工具清单、预算等表
7月~9月	设备工具调试好并试运行，工作室可以满足基本工艺要求	所有设备工具安装运行状况良好，符合技术指标参数

表1 项目实施内容：所有设备工具建设

■ 2. 工作室的空间安排

① 个人工作室的空间安排

首先，个人工作室的空间在条件许可的情况下应该不小于 10 平方米，这样才有足够的周转余地。在空间有限的情况下合理安排工作空间。当然，应该有一个工作台面，目前有制作良好的首饰工作台（Jeweler's Bench）出售（图 8、图 9）。最好将焊接、清洗、锻造成形等区域划分出来，焊台上方要安装排风设施（图 10）。空间的安排在很大程度上要根据个人所选择的工艺技术来划分。工作室的预算也可根据个人情况而定，一般来说，如果不需要大型的浇铸设备，2～5 万元人民币可以置备一个比较齐全的个人工作室。

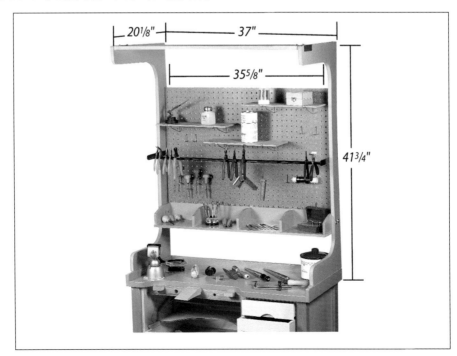

图9 首饰工作台样式参考，尺寸为英寸制式

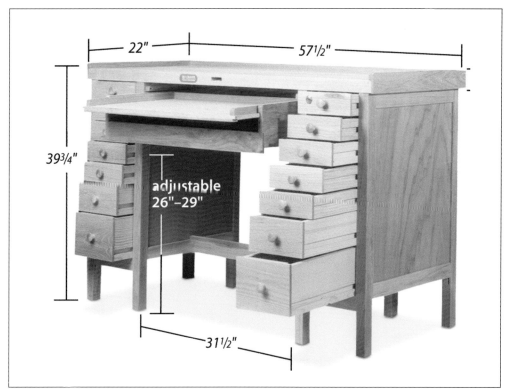

图8 首饰工作台样式参考，尺寸为英寸制式

图10 焊台上方要安装排风设施

② 学校工作室的空间安排

一间可容纳 15 ~ 20 人的工作室应该至少有 100 平方米。空间分割可按照功能划分。比如教学区域（教课、投影、阅读资料、设计台）、展示区域、工作台区域（放置可容纳 15 ~ 20 人的工作台面）、焊接退火区域、浇铸区域、清洗区域、打磨抛光区域、锻造区域、特种工艺如珐琅烧制区域、新材料如树脂等实验区域等。

学校工作室里适合使用敞开式工作台（图 11），这样能够节省空间，也会营造一个容易交流的教学空间，也可以采用单独的工作台（图 12）。工作台的高度可定在 80 厘米左右，用比较硬的木材制作。每个工位约 1.2m 的个人空间，工作台的长度和宽度则可根据空间来定。工作台的侧面安装固定或可拆卸的云台夹，学生在切割、锉、磨时可放置工件用。下方可悬挂活动抽屉接锉屑。在浇铸、焊接、酸腐蚀等区域必须配备良好的通风设施，所有设备必须在技师和教师的示范指导下才可使用。安全操作规则要打印并张贴在设备旁，设备的日常维护、保养、更换要有技师负责。

在条件许可的情况下，锻造区域应该和其他区域分割开来（图 13）。因为锻造时产生的噪音比较大，会影响其他同学的注意力，最好墙壁上有隔音板。锻造空间要尽量宽敞。锻造工具可以根据需要自己设计并找厂家定制（图 14），也可国外采购。退火可用电炉或大号焊枪。

图11 敞开式工作台便于学生交流

图13 教室中应设置展示区域

图12 学校工作室中敞开式的工作

图14 金工锻造用设备及工具

■ 3. 设备工具的采购

在筹备工作室时，比较好的方式是将所有要采购的设备工具打包，尽可能在一家设备工具厂购买，这样，日后维修比较方便，否则要联系不同厂家会耗费许多时间。采购时把清单和预算列得越详细越好，这样能够控制资金的花费。也有些旧工具设备可以暂时买来用，以减少最初的紧张开支。但是用于材料、销售等的流转资金还需要另外筹备。

以下所列工具设备是比较基础的，还有其他许多的工具设备是根据个人所要从事的工艺来配置的，如烧制珐琅的工具、研磨宝石的设备、拉丝机、切割机等都可以在条件许可的情况下逐步配备齐全。

表2 工具设备

工具设备名称	用途	数量	备注说明
锯弓	切割金属用，有可调型和不可调型，可调型比较省锯条，最好尺寸宽窄各一把	1~2把	需配备锯条，尺寸可以根据需要另配
锉刀	锉磨金属用，通常用的形状有方形、三角形、圆形、半圆形、平头等	12把	通常一套中含有12把不同形状的锉刀，瑞士产的质量比较好
钳子	用来造型，常用的有平头钳、圆头钳等	3把	至少有3种形状不一的钳子
水口剪	用来剪切金属丝或薄片	2把	按大小不同型号配置
焊枪、焊机	焊接金属用，目前比较方便安全的是一种小型电焊机，使用0号汽油，温度可熔化银金属	2把	可根据需要配2把不同大小
焊台	焊接工件时用的防火材料的台子，台面上有可以转动的小焊盘，里面铺满防火石子	1台	只要台面和周围有防护砖围起来就行
焊瓦	焊接工件时可用来固定工件	5片	
酸缸	用来盛清洗工件用的陶瓷罐或缸	1个	放在焊台附近，以便随时清洗工件
吊机	用来打磨、抛光、钻孔等的小型电动机，可插接不同钻头实现不同工艺要求	1台	可配几种常用打磨磨头、抛光羊毛轮子等耗材，抛光蜡需要另配，以颜色分粗细等级
抛光机	打磨抛光比较大件的产品	1台	最好带有吸尘的功能
台虎钳	在锉磨工件成形时固定用	1台	也可配大小不同2台
金工锤	分别由不同型号和功能组成，工件成形用	5把	可按型号不同配置
木锤	直接敲击工件时不会留下痕迹	2把	可按型号大小配置
橡皮锤	直接敲击工件时不会留下痕迹	2把	两头硬度不一，锤头可调换

铁砧	主要用于金属锻造成形，有不同形状尺寸可供选择		目前国内没有专门的厂家销售，可定制
簪花工具	用于簪花造型或表面装饰	12 把	可根据个人需要选择不同形状
手寸棒	做戒指时常用	1 个	还可以配戒指尺寸环
真空浇铸机	常用首饰浇铸设备，对小批量生产产品比较适用	1 台	如不经常浇铸可不必配备
焙烧炉	可用于浇铸、烧制珐琅、退火等，温度可调节	1 台	个人使用小型电炉即可，学校工作室可配置大小各 1 台
压片机	焊接工件时用的防火材料的台子，台面上有可以转动的小焊盘，里面铺满防火石子	1 台	安全起见可配置手动机器
超声波清洗机	比较常用的首饰清洁机器	1 台	可以根据个人需要配备大小型号
耗材	耗材包括焊片、清洗用酸液、钻头、抛光剂、抛光轮、氧化剂、汽油等		根据个人需要配置
防护用品	防护面具、手套、围裙、护目镜、急救箱等		根据个人需要配置
其他	打磨抛光比较大件的产品		

二、工具设备图片参考（大部分图片来自美国首饰设备专业供应商）

图15 小型焙烧炉及浇铸配件　　　　图16 注蜡机　　　　　　　　图17 压膜机

图18 雕蜡材料及工具

图19 钻孔机

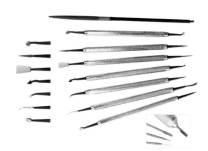

图20 刻刀套装

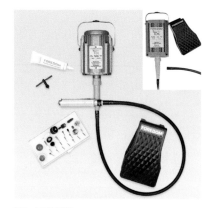

图21 吊机套装

图22 铣刀

图23 喷砂机

图24 打磨抛光机

图25 锻造用工具，国内没有专门的厂家生产，所以可根据个人需要绘制设计图，然后找厂家定制

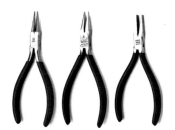

图27 各种常用钳子

图26 各种金工锤

图28 水口剪

图29 各种锻造用工具

图30 拉丝机

图31 拉丝板

图32 压片机

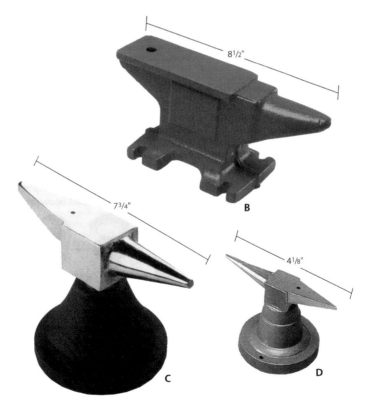

图33 台虎钳

图34 各种窝錾

附 1 录

常用术语中英对照

一、技术工艺类词汇
二、宝石名称词汇
三、特种工艺词汇
四、首饰分类

一、技术工艺类词汇

1.Regular Tools 常用工具

- **Measuring Tools, Rular** 量具、尺子，用来测量的工具千分尺、游标卡尺、天平等。

- **Bench Bin** 云台夹

- **Saw Frame** 锯弓

- **Saw Blade** 锯条

- **File** 锉刀

- **Pliers** 钳子

- **Cutter** 剪刀

- **Mallet** 榔头，外观像锤子的工具，制作榔头的材料比首饰的工件材料软，常见的有生牛皮、木头、纸、塑料等。

- **Hammer** 锤子，用于敲击金属使之成形的工具，有铆锤和弧面锤两种，以 200 ~ 250 克重为宜。

- **Flexible Shaft** 吊机，用于钻孔、镶嵌、打磨、抛光的悬挂式机器。

- **Anvil** 铁砧，在敲击金属工件时起支撑作用的工具。

- **Ingot Mold** 钢锭模，把回收的金属废料重新做成金属片和丝的工具，也可用其来制作合金。

2.Fusing/Soldering 焊接、熔融等工艺

- **Solder** 焊料，焊接时连接工件的金属材料，通常有银焊料、金焊料、铜焊料等，呈片状或液体状。银焊料根据易熔程度分几个等级：Hard- 高焊料，Medium- 中焊料，Easy- 易焊料。

- **Soldering** 焊接，通过烧熔第三块金属来连接两个金属面或边。所用第三块金属（焊料、焊药）的熔点需低于被焊的金属。

- **Torch** 焊枪，用于对金属进行退火、焊接等工序。从使用气体上可分为汽油焊枪和氧气焊枪，从输气结构上分双管焊枪和单管焊枪。

- **Soldering Block** 防火砖或焊瓦，焊接时放置或固定工件用的防火块状物。

- **Flux** 助熔剂、熔剂、焊剂，避免金属在焊接和熔化过程中形成氧化层的化学用品。

- **Flames** 火焰，通常退火或加热大件时用宽而温和的火苗。

- **Flame** 蓝色的尖火苗，用于焊接小工件或焊接过程的最后阶段即焊药将要熔化时。

- **Pickle** 酸洗液，由盐酸与水或其他酸液按照比例勾兑，用于清洁工件的腐蚀性液体。

- **Quenching and Pickling** 降温和酸洗降温，就是退火后，把金属置入冷水中，以使其快速冷却的过程。金属一旦退火、降温后，表面会出现氧化层，酸洗就是将金属通过酸处理来去除表面氧化层的过程。

- **Firescale** 金属氧化结成的膜，由于延长高温加热金属的时间，而在铜和银、黄金合金表面形成并增厚的铜

氧化层，暴露在氧气中时以紫色污点或块面的样式呈现，需要在酸液里面放一段时间，才能通过腐蚀将其清除。

● **Fusing** 熔融焊接，通过加热金属到将近熔点，使两块或两块以上金属熔合在一起。由于接近熔点，所以这种技术难以控制，但通过其可以创造出丰富的肌理和不寻常的表面效果。

● **Adhesive** 黏合剂，黏合剂作为金属正常连接的替代品，其于物品的使用通常被贴上工艺不良的标签，但某些时候，使用黏合剂是合理的，并且是冷连接的重要技术。

● **Bending** 弯曲，将金属通过工具，如锤子、钳子等弯曲的过程。

● **Repousse** 凸形錾花，用锤子在铁砧表面击打金属，使其表面凸起装饰图案的工艺。

● **Stretching** 延展，用锤子在金属表面锤打，使之变薄得以延展的过程。

● **Sinking** 沉降，击打金属使其逐步进入凸形模具成形的工艺工程。

● **Raising** 起凸，在铁砧或木桩的硬表面上，用锤子迫使金属凸起而改变形状，有时用不同尺寸的钢制"窝社"起形。

● **Dapping** 凹槽成形，将金属片放在有凹槽的模具中，用锤子敲打使其进入模具成形的工艺。

● **Anticlastic Raising** 互反提升，互反提升是指锤打金属片使其卷曲，而后在槽沟开放的中空形态基础上进行再加工，使金属于轴心的两个方向波动、弯曲的特种技术，金属曲线和槽沟由楔形锤打造一种被称之为正弦曲线立桩——由钢或木头制作的渐缩、蛇行弯曲形工具，被用于锻造这种不同寻常的形态。

● **Drilling** 钻孔，用钻头通过钻孔机或吊机在平面上钻出孔洞。

● **Seaming** 缝合，将两片金属缝合起来，有时用焊接的方式。

● **Die Forming** 冲模成形，通过冲模机两面冲模、按压金属片使其成形，可以使用各种材料进行冲模，件数可以从几十件到几千件。

● **Forging** 锻造，锻造是用特殊形态的锤子从不同方向拉伸、整平、弯曲，塑造金属形态的过程。

● **Drawing Wire** 拉丝，通过把金属丝拉过拉丝板上逐个变小的孔，达到理想直径的过程。

● **Draw Plate** 拉丝板，带有各种不同形状和大小孔洞的钢板，将金属丝拉过这些孔洞可以变细或形成各种不同形状，如三角形、方形、圆形、半圆形、梯形等。

● **Rolling Mill** 压延机或压片机，包括平面压滚和方齿压滚，前者用于压薄金属片材，后者用于压制条材，为拉丝做准备。

● **Tubemaking** 制作金属管，在首饰制作过程中，经常需要具体尺寸、厚度的空心管来完成别扣、铰链、镶嵌等的制作。制作金属管的过程简便，将金属片退火后放进凹槽中敲击成卷筒状，再通过拉丝板将其拉成各种不同尺寸的管子。

● **Annealing** 退火，就是通过加热金属，使其柔软、恢复延展性的过程，温度通常达到熔点的三分之二，在首饰制作过程中，每次敲击或锻压金属都会使其变硬，因此要不停地重复退火，使金属始终处于柔软状态，不会因为再加工导致断裂。

● **Shear, Cutting Machine** 切割道具或机器，用于切割尺寸比较大的金属板材。

● **Hamming** 锤打，指用锤子敲击，是最常用的工艺之一。用锤子可以进行锻造、延展、拉伸、起凹凸形状等各种工艺。

4. Fastening(Findings) 固定或链接方式

- **Rivet** 铆接，铆接是不经加热而用金属丝或金属管将两块金属相结合的方法。
- **Pin Finding** 别针扣
- **Buckle** 扣环箍、腰带扣
- **Simple Clasp** 单形钩扣、单环、接扣
- **Box Clasp** 盒形钩扣
- **Spring Clasp** 弹簧钩扣
- **Jump Ring** 跳环，连接吊环
- **Basic Chain** 基本链
- **Woven Chain** 织链
- **Etruscan Chain** 伊特鲁里亚链
- **Hinge** 铰链
- **Basic Hinge** 基本铰链
- **Unusual Hinge** 异型铰链
- **Cradle Hinge** 摇篮铰链
- **Hidden Hinge** 隐蔽铰链
- **Spring Hinge** 弹簧铰链
- **Threaded Closure** 螺纹封闭

5. Casting 浇铸

- **Casting** 浇铸，浇铸为制造金属三维立体形态提供了可能。由蜡、肥皂或其他有机材料转化成石膏铸模，然后把熔化的金属注入中空的石膏铸模内来获取立体形态的方法。
- **Lost Wax Casting** 失蜡浇铸，通过高温把型壳中的模型蜡完全熔去，再将熔化的金属液体倒入模子成形的一种常用生产工艺。
- **Carving** 雕蜡，将蜡块或蜡条雕成设计图稿中的形状。
- **Vacuum Casting Machine** 抽真空铸造机，在浇铸过程中可以将模具内空气抽离，以保证熔化的金属顺利进入细小的空隙。
- **Vulcanizing Press** 压膜机，为批量生产而将金属母版制成胶模的机器，所制的胶模可以复制无数个蜡模。
- **Wax Injector** 注蜡机，固体蜡灌入机器熔化后，将胶模的开口对准注蜡机的口部便可复制多个蜡模。
- **Burnout** 焙烧，是失蜡浇铸过程的一部分，通常指石膏模在窑炉里通过加热使模内的蜡熔化流出来的过程。
- **Burn-out Furnace or Kiln** 焙烧炉，用于焙烧石膏或烧制珐琅等需要升温、保温工序的炉子。
- **Charcoal Casting** 炭铸，一种古代工艺，把熔化的金属倒入以炭为材料制成的模具，这种工艺精确度不够高，适用于制作简单的形态。

● **Cuttlefish Casting** 墨鱼骨浇铸，就是利用墨鱼骨头制作浇铸模子，适用于翻铸随意、粗犷风格的首饰。由于浇铸时的高温会对墨鱼骨型腔造成很大破坏，所以墨鱼骨浇铸模子只可以使用一次。

● **Sand Casting** 沙铸，将热熔金属浇入事先准备好的沙模中的一种浇铸方法。

● **Centrifugal Casting** 离心铸造，离心铸造是将液体金属浇入旋转的铸形中，使液体金属在离心力的作用下充填铸形并凝固的一种铸造方法。根据铸形旋转轴在空间位置的不同，常见的有立式离心铸造机和卧式离心铸造机两种类型。

● **Modeling Wax** 制作蜡版模型，通过雕刻、打磨等工艺把蜡做成模型。

● **Non-wax Model** 非蜡模型，除蜡以外，其他如塑料、木头等有机物制成的模型。

● **Flask** 钢瓶模，灌注液体铸粉的容器。

● **Sprue** 浇口，就是在铸造浇冒系统中，为熔化的金属提供入口，使其可以顺利流入模子内。

● **Rubber Mold** 胶模，使首饰可以批量生产的橡胶模版。

6. Finishing 表面处理

● **File** 锉刀，用于去除金属表面不规则区域，修整首饰形状的工具。首饰行业大多使用瑞士或德国制造的锉刀，齿痕粗细从 00 号到 6 号，前者最粗，后者最细。

● **Filing** 锉磨，通过锉刀或砂纸在金属表面来回摩擦以去除材料表面不平整的加工方法。

● **Sanding Paper** 砂纸，首饰锉磨后，抛光前用来打磨的纸张，功能为去除首饰表面比较细小的锉痕和划痕。

● **Polishing** 抛光，抛光就是通过各种手法，磨平并且擦亮金属表面的过程。抛光之前需要完全打磨金属表面的划痕，使其平整。

● **Patina** 表面着色，通过把金属暴露于各种化学物品之中以使其表面上色的过程。铜、青铜、镀金金属、黄铜和银都适用于此种方法。在着色前，金属必须被彻底清理干净。

● **Etching** 酸蚀，用酸或高浓度的化学物品来有选择性地腐蚀、蚕食金属物体以获取理想表面效果的工艺。在酸蚀前先把无须腐蚀的地方保护起来实行酸蚀工艺，需要着保护服，并开启通风设备。

● **Stamping** 压印，通过锤子敲击铁錾子——带有图案或肌理的短钢棒，来把所需的图案和纹理压印进金属，錾子可以在供应商店里买到，也可以自己制作。

● **Chasing** 錾花，用钢制錾花工具和锤子在金属上敲击出图案，以达到装饰或完善浇铸物件表面细节的目的。

● **Roll Printing** 滚压印花，用滚筒碾压机把金属或其他材料制成的高低起伏的图案、图像，压入重叠的另外一块金属板的过程。

● **Engraving** 镌刻，通过锋利的刻刀在金属表面上刮刻图案、字母，刻制肌理效果的工艺。

● **Lamination Inlay** 叠片镶，把金属片焊接在一起，当它们齐平时再按压以获取镶嵌的表面效果。操作过程中可以用滚压机，也可不用。

● **Solder Inlay** 焊镶，简单而又用途多的技术，通过锤打、雕刻、滚筒压印、酸蚀等让焊料流进凹槽，尽管很多种焊料可以用，但银焊料是最清洁、持久的。

● **Puzzle Inlay** 拼图镶，将几块形状不同但边缘吻合的金属拼接起来，如拼图游戏一般将金属拼成不同颜色的图案，可以用焊接的方式连接。

● **Plateing** 电镀，通过电流来使一种金属覆盖于另一种金属表面的方法，电镀不会模糊细节，也不会掩饰瑕疵，因此在电镀前需完成最后抛光。

7. Stone Setting 宝石镶嵌

● **Stone Cutting** 宝石切割

● **Bezel** 镶边，用于镶嵌底部为平面的宝石或物品的金属镶边条。

● **Box Bezels Setting** 包镶，用于镶嵌底部为平面、表面呈弧形的素面宝石或梯级式切割宝石。

● **Step Bezels Setting** 垫高宝石的包镶，就是带有内部衬圈的包镶衬圈不必焊到底板上，目的只为垫高宝石，使其更突出或让镶口与戒圈易于焊接。

● **Fancy Bezel** 花式包镶，通过敲打或其他手段在包镶的金属表面做花式处理。

● **Prong Setting** 爪镶，就是用较长的金属爪或柱，紧紧扣住宝石的镶嵌手法。

● **Crown Setting** 冠镶，宝石镶嵌在皇冠形状的宝石座上。

● **Gypsy Setting** 吉卜赛镶，又叫打孔镶嵌或闷镶，把宝石放入金属表面的镶口内，再用特殊的工具按压宝石，使其挤入镶口。

● **Pave Setting** 铺路镶、密镶式镶，是镶嵌钻石最常见的方法之一，把小颗钻石排成多行，紧密相连，使碎钻的光芒集合起来，令饰件看起来格外熠熠生辉。

● **Channel Setting** 轨道镶，在首饰台面金属镶口两侧车出槽沟，把宝石夹进槽沟之中的镶嵌方法。

二、宝石名称词汇

● **Gem Stone** 宝石

● **Agate** 玛瑙，玉髓的一种，是具有条状、环状纹理的隐晶质石英集合体。

● **Alexandrite(Cat's-eye)** 变石猫眼，亚历山大变色猫眼，名字来源于沙皇亚历山大二世，是金绿宝石的一种，具有变色效应。

● **Amber** 琥珀，一种有机宝石，是树脂石化产物，主要成分为碳、氢、氧以及少量的硫。

● **Aquamarine** 海蓝宝石，名字来源于拉丁文 Sea water "海水"，是含亚铁离子的宝石级绿柱石，色泽天蓝或淡天蓝，玻璃光泽。

● **Amethyst** 紫水晶，石英的一种，顶级的紫水晶为深紫色，无瑕疵和杂质。

● **Aventurine** 金星石，由轻微炭化的优质灰岩构成，质细腻，色墨黑，因内含硫化铁结晶，所以金光灿灿，由此得名。

- **Beryl** 绿柱石，铍铝硅酸盐组成的矿物，祖母绿就属于绿柱石，其他绿柱石品种有海蓝宝石、粉红色绿柱石、金黄色绿柱石、无色绿柱石、绿柱石猫眼等。

- **Calcite** 方解石，英文名来自拉丁语，意为"石灰"，无色或乳白色，不透明或半透明，玻璃光泽，性脆，是组成石灰岩和大理岩的主要成分。

- **Carnelian** 红玉髓，红色的玉髓宝石。

- **Chalcedony** 玉髓，是隐晶—微晶质石英的集合体，红玉髓、缟玛瑙、玛瑙、绿玉髓都属于玉髓。

- **Chiastolite** 空晶石，指各种各样的红柱石，它以十字形的炭质包裹内含物而著名。

- **Chrysoberyl** 金绿宝石，是一种氧化物，主要化学成分是氧化铝铍，亦称"金绿玉""金绿铍"，属尖晶石族中的一种矿物。金绿宝石具有猫眼效应的变种叫猫眼石，具有变色效应的变种叫变石。

- **Chrysocolla** 硅孔雀石，为含水的铜的硅酸盐矿物，硬度 2 ~ 4，外观类似孔雀石，呈绿、蓝绿至天蓝色，显蜡状光泽、玻璃光泽，微透明或不透明，性脆。

- **Chrysoprase** 绿玉髓，名字来源于希腊词"Gold"和"Leek"，由于镍盐导致金绿色。

- **Citrine** 黄晶，黄水晶，可以在自然界发现天然黄水晶，加热紫水晶到 550° C 也可以获得较天然黄水晶色彩更深的黄色水晶，但在价格上比天然黄水晶高一些。

- **Coral** 珊瑚，一种生物成因的有机质宝石，以微晶方解石集合体形式存在，成分中还有一定数量的有机质，硬度 3.5 ~ 4，常见的为白色，而以深红色和粉红色者为珍贵。

- **Corundum** 刚玉，一种纯的结晶氧化铝，硬度为 9，仅次于金刚石，其外观具强烈的玻璃光泽，颜色多样，常见黄灰色、蓝灰色。含钛的刚玉呈碧蓝色、青蓝色，称蓝宝石；含铬的刚玉呈红色透明者则称红宝石，绿色的为绿玉，黄色的为黄玉。

- **Crystal** 各种水晶的统称，一定数量的有机质，硬度 3.5 ~ 4，常见的为白色，以深红色和粉红色为珍贵。

- **Diamond** 钻石，矿物名称为金刚石。

- **Emerald** 祖母绿，色彩明亮，是含铬和钒的宝石级绿柱石，易碎。

- **Garnet** 石榴石，名称来源于拉丁语，意为"像种子"，因其晶体外形酷似成熟的石榴籽，硬度 6.5 ~ 7.5，光泽强烈，透明度高。

- **Hematite** 赤铁矿，乌钢石，自然界分布很广的铁矿物之一，它可形成于各种地质作用之中，但以热液作用、沉积作用和沉积变质作用为主，金属光泽或半金属光泽，硬度 5.5 ~ 6.5。

- **Ivory** 象牙，指象上腭的门牙，质硬，色白，狭义地说是雄性象的獠牙，广义地也可以指其他动物（比如猛犸象、河马、野猪、海象、鲸等动物）的獠牙或骨头。

- **Jade** 玉，玉石，特别为中国人所尊崇，象征君子之品行，常见的有白玉、绿色玉，以没有瑕疵、颜色纯净者为佳，易碎。

- **Jasper** 风景玛瑙，玉髓的品种之一，是由内含不同颜色花纹及不透明杂质形成的带有人物、动物、自然山水等画面的玛瑙。

- **Jet** 煤晶，煤玉，褐煤的一个变种，含碳及有机物纯度较高的非晶质块体，有时可见树木的枝杈和细枝痕迹，黑色，质地细密，抛光面漆黑闪亮，不透明，磨光面具玻璃光泽，硬度为 2.5 ~ 4。

- **Lapis-lazuli** 青金石，以深蓝色出名，是以青金石矿物为主，含少量方解石、透辉石、方钠石和黄铁矿的致密块状矿物集合体，一种达到玉石级的岩石。

● **Malachite** 孔雀石，一种含铜碳盐的蚀变产物，常作为铜矿的伴生产物，它的硬度是 3.5 ～ 4，呈不透明的深绿色，具有色彩浓淡的条状花纹，易碎。

● **Magnetite** 磁铁矿，晶体属等轴晶系的氧化物，矿物颜色为铁黑色，半金属光泽，不透明，无解理，硬度 5.5 ～ 6，具强磁性。

● **Moonstone** 月亮石，正长石的一种长石，呈朦胧乳白色或淡蓝色晕彩，硬度 6，是宝石级长石中最贵的一种。

● **Onyx** 缟玛瑙，是具有黑、白条纹的玉髓。

● **Opal** 欧泊，蛋白石，含水非晶质二氧化硅集合体，出许多规则等大球粒紧密堆积构成，可使入射光发生衍射，俗称"火彩"，呈现红、绿、蓝、橙等多色变化。

● **Pearl** 珍珠，有人工养殖的淡水珍珠和产自海洋的咸水珍珠。

● **Peridot** 橄榄石，含少量铁的镁橄榄石，通常为浅或深的黄绿色，硬度 7 左右。

● **Quartz** 石英，石英是所有矿物中最常见的矿物质，包括紫水晶、黄水晶、燧石、欧泊、风景玛瑙、红玉髓、无色水晶、沙金石、玛瑙等。

● **Rock Crystal** 无色水晶，为无色透明的结晶体，典型的玻璃光泽，亮度为强闪光。

● **Ruby** 红宝石，宝石级刚玉，颜色呈红色或玫瑰红色。

● **Sapphire** 蓝宝石，宝石级刚玉，自然界中宝石级刚玉除红色的红宝石外，其他颜色如淡蓝、绿色、黄色、灰色等都称为蓝宝石。

● **Sardonyx** 缠丝玛瑙，是各种颜色以丝带形式相互缠绕组成纹理的一种玛瑙，其相间色带细如游丝。

● **Serpentine** 蛇纹石，是超基性岩中的橄榄石、辉石受高温热液交代而成的产物，白云石经热液交代也可形成蛇纹石。它按矿床成因类型可分为超镁铁质岩型、镁质碳酸盐岩型、混合岩化型和水镁石纤蛇纹石石棉矿床四种。

● **Sodalite** 方钠石，为深蓝色、多晶结构，查尔斯滤色镜下变红，放大观察可见白色的物质分布于其中，颜色与青金石较为接近，常被误称为"加拿大青金岩"，主要区分点在于青金石为多种矿物组合，内有黄铁矿颗粒和方解石呈星点状或团块状分布。

● **Spinel** 尖晶石，矿物中能作为宝石的尖晶石主要是镁尖晶石，是一种镁铝氧化物，色彩丰富、透明，玻璃光泽，硬度为 8。

● **Tiger's eye** 虎睛石，蓝色、紫色、金棕色半透明的石头，呈现丝绢光泽，在琢成弧面后，于弧面上能看到垂直纤维方向的猫眼效应。

● **Topaz** 托帕石，黄玉，宝石级的黄宝石，是为含氟的铝硅酸盐，非均质体，透明，玻璃光泽颜色除黄色外，还有粉红、淡绿、天蓝等色，其中以黄色、棕黄色最为珍贵。

● **Tourmaline** 电气石，又名碧玺，是自然界成分最复杂的矿物之一，透明，有很多种色彩，通常为绿色、蓝绿色、粉红色。

● **Turquoise** 绿松石，又称土耳其石，一种含水的铜、铝磷酸盐矿物，表面有裂纹，有绿色、蓝色，以蓝色为珍贵。

● **Zircon, Zirconium** 锆石，分为高型锆石和低型锆石两种。高型锆石为透明、易碎的石头，常为绿色和褐色，加热后转变为蓝色和浅黄色；低型锆石含放射性物质，对人体有害，不能作为宝石。

三、特种工艺词汇

● **Enamel & Enamelling** 珐琅和上釉术。珐琅是一种玻璃质釉料，化学成分为石英、四氧化三铅（铅丹）、硼砂、苏打和碳酸钾；上釉术是通过加热使玻璃质釉料熔化、附着于金属上来创造表面色彩的方法。珐琅的色彩从原色到柔和色，可以为不透明、半透明到透明，形成有光泽或无光泽的表面效果；上釉术是一种花费时间、劳动强度高的技术。当前有种"冷珐琅"颜料，使用时无需加热而直接涂于金属表面上。

● **Cloisonne** 嵌金属丝花纹，景泰蓝属于其中一种，在这种技术中，首先把狭长的金属丝或金属带围成所需形状，用焊接的方法使其贴于金属表面，然后用珐琅填充金属丝围成的区域，反复烧结，最后磨光。

● **Mokume** 木纹金属，这种工艺发源于日本，就是把不同色彩的金属片叠加熔合在一起，然后通过切割表面，锉、滚压金属层来获得类似于木纹的效果。

● **Reticulation** 烧皱，烧皱就是通过加热金属表面，使其产生波浪起伏，涟漪的表面肌理效果，很多金属可以烧皱，但其中效果最好的为 82% 银和 18% 铜的合金。

● **Granulation** 金珠粒，无需通过焊药焊接，而是经熔融把圆或其他形状的金属颗粒熔接到金属表面上的一种古代工艺。

● **Amalgamation** 混汞法，汞齐法鎏金，一种古代工艺，将金与水银混合熔化后形成的液体合金——金汞齐涂抹在物体表面，然后通过高温烘烤令汞挥发，剩下金层固着于物体表面。

● **Photoetching** 光刻，一种蚀刻方法，用紫外线在感光的金属片上曝光作品，然后用酸蚀刻，是一种把摄影技术应用于首饰制作，使图案或形象通过酸蚀刻留在物体表面的技术。

● **Electroforming** 电解铜工艺，这种工艺采用了电镀的原理，就是在酸槽里将金属电解，然后再把金属粒子镀到不导电的非金属物质，如硅胶表面上，形成一层金属质，达到重新塑形效果的技术。

● **Anodize** 阳极氧化着色处理工艺，是一种使金属表面上色的技术，铝、钛和铌是最多使用此种技术来表现首饰设计意图的金属材料，它们所用阳极电镀的液体由于电波强度不同、金属放入液体的时间长短不一，表面所镀的颜色有所区别，铌的颜色比铝或钛要鲜亮一些。

● **Knit & Weave** 编织，金属丝可以代替线进行编织，其他钩编、编篮等适合线材的技术都可以被用于被造扁平、管状或其他立体的三维形态。

四、Jewelry Categories 首饰分类

● **Bangle** 臂环
● **Bracelet** 手链
● **Brooch/Pin** 胸针、别针
● **Choker** 项圈

- **Chain** 链条

- **Cuff Link** 袖扣

- **Earring** 耳环

- **Necklace** 项链

- **Nose Ring** 鼻环

- **Pendant** 吊坠

- **Ring** 戒指

附 2 录

专业书籍推荐

目前国内有关首饰设计制作类的专业书还不多见，这里重点推荐的书目均是国外近几年出版的较新的首饰类英文书籍，这40本书是从近600本书之内精选出来的，除此之外，还有非常多的好书不在此书目，网上可以查询首饰设计类书籍，尤其是美国的"亚马逊网站（www.amazon.com）"多有此类书籍推荐，为了大家购买方便，在此附有书籍封面。

除了以下这些书籍之外，当然还有比较好的杂志，这些杂志可以帮助我们及时了解国外同类行业发展的最新状况和专业信息。这些杂志有《American Craft、Metalsmiths、International Arts and Crafts、Ornaments、Lepidary Journal》等。

设计、工艺技术类

编号	封面	书名	作者	出版社	说明
1		**Jewelry Concepts and Technology**	Oppi Untracht	Doubleday	书目1~3在金工首饰界反馈非常好、非常实用。尤其是 Oppi Untracht 著的《Jewelry Concepts and Technology》，如同首饰专业的圣经一般，全面涵盖了基础设计知识和典型首饰金工工艺。Tim McCreight 著的《Complete Metalsmith》更加详细地讲解了基础工艺及首饰制作工艺中的步骤和信息，查考起来非常方便，是一本难得的工具书。书目3是比较全面的关于首饰表面处理的工具书。
2		**Complete Metalsmith** (Professional Edition)	Tim McCreight	Bryn orgen Press	
3		**The Jeweler's Directory of Decorative Finishes**	Jinks McGrath	Krause Publications	

编号	封面	书名	作者	出版社	说明
4		**The Art and Craft of Making Jewelry**	Joanna Gollberg	Lark Books	书目4~6比较适合初学者，有比较详细的制作步骤，当然，需要具备比较好的英语阅读能力才能很好地明白内容，为了方便阅读，请参阅本书"常用术语中英对照"。
5		**Step-by-Step Jewelry Workshop**	Nicola Hurst	Interweave Press	
6		**The Complete Jewelry Making Course** Principles, Practice and Techniques: A Beginner's Course for Aspiring Jewelry Makers	Jinks McGvath	Barron's Educational Series	（注：书目6已由上海人民美术出版社出版中文版本）。
7		**Metal Craft Discovery Workshop**	Linda O'Brien and Opie O'Brien	North Light Books	
8		**Making Metal Jewelry:Projects/ Technisques/ Inspiration**	Joanna Gollberg	Lark Books	书目7～9为综合类工艺制作书籍。

编号	封面	书名	作者	出版社	说明
9		**The Encyclopedia of Jewelry–Making Techniques:** A Comprehensive Visual Guide to Traditional and Contemporary Techniques	Jinks McGrath	Running Press Book Publishers	
10		**The New Jewelry:** Contemporary Materials & Techniques	Carles Codina	Lark Books	主要讲述现代首饰设计中一些非传统新材料，如塑料、树脂等的用法。
11		**Modern Jewelry from Modular Parts:** Easy Projects Using Readymade Compnents	Marthe Le Van and Larry Shea	Lark Books	主要是"现成物"作为部件做成首饰的方式方法及创意。
12		**Metalsmith's Book of Boxes and Lockets**	Tim McCreight and Katie Kazan	rynmorgen Press	集中讲述盒子和各种不同的连接及搭褡扣设计制作方法，举例选图都比较现代、实用。
13		**The Art of Enameling Techniques Projects , Inspiration**	Linda Darty	Lark Books	一本非常实用的详细介绍各种传统及现代珐琅工艺的书，作者通过大量的图片及详细的步骤来阐述珐琅烧制的过程及不同的肌理效果。

编号	封面	书名	作者	出版社	说明
14		**Masters: Gemstones:** Major Works by Leading Jewelers	Lark	Lark Books	书目 14、15 比较详细地讲述宝石镶嵌方面的知识及工艺。书目 14 附有大量名师作品。
15		**Creative Stonesetting**	John Cogswell	rynmorgen Press	
16		**Simply Pearls:** Designs for Creating Perfect Pearl Jewelry	Nancy Alden	Potter Craft	书目 16～18 均是比较易看、易懂、易学的有关珍珠、银黏土、金属丝等制作的创意首饰制作书籍，是适合时间比较短而设备工具不完备的工作室作选修课或首饰兴趣课的书。
17		**PMC Technic**	Tim McCreight	rynmorgen Press	
18		**Creating Wire and Beaded Jewelry**	Linda Jones	North Light Books	

编号	封面	书名	作者	出版社	说明
19		**500 Earrings :New Directions in Contemporary Jewelry**	Lark Books	Lark Books	
20		**500 Pendants & Lockets: Contemporary Interpretations of Classic Adornments**	Lark Books	Lark Books	书目 19～25，这套系列丛书全面搜集了现代首饰中非常专业且典型的艺术家、设计师的作品，应该成为藏书首选。除了上述几本之外，还有《1000 个戒指》等。该系列其他专业如玻璃、陶艺等类也在陆续出版，内容同样精彩。
21		**500 Necklaces : Contemporary Interpretations of a Timeless Form**	Lark Books	Lark Books	
22		**500 Brooches : Inspiring Adornments for the Body**	Lark Books	Lark Books	
23		**500 Bracelets : An Inspiring Collection of Extraordinary**	Lark Books	Lark Books	

编号	封面	书名	作者	出版社	说明
24		Designs 500 Metal Vessels: Contemporary Explorations of containment	Lark Books	Lark Books	
25		500 Wedding Rings: Celebrating a Classic Symbol of Commitment	Lark Books	Lark Books	
26		The Penland Book of Jewelry– Master Classes in Jewelry Techniques	Lark Books	Lark Books	书目26 ~ 29 均搜集大量现代首饰图片，27 为美国著名雕塑家亚历山大·考德尔的首饰作品。28、29 两本是一个系列，书中作品均出自比较前卫的当代艺术家。
27		Calder Jewelry	Mark Rosenthal, Alexander S.C.Rower, Holton Rower, Maria Robledo	Yale University Press	
28		Art Jewelry Today	Dona Z. Meilach	Schiffer Publishing	

编号	封面	书名	作者	出版社	说明
29		**Art Jewelry Today 2**	Jeffrey B. Snyder	Schiffer Publishing	
30		**The Art of Jewelry Plastic & Resin:** Techniques Projects Inspiration	Debra Adelson	Lark Books	书目 30 为新材料树脂及塑料制作的新型首饰。
31		**Fabulous Woven Jewelry** Plaiting, Coiling, Knotting, Looping & Twinning with Fiber & Metal	Mary	Lark Books	书目 31 为现代编制首饰集萃。
32		**Brilliance! Masterpieces from the American Jewelry Design Council**	Cindy Edelstein & Frank Stankus	Lark Books	书目 32 为美国设计协会推荐的当代大师作品。
33		**The Master Jewelers**	A. Kenneth Snowman	Thames & Hudson	书目 33～35 搜集了典型的"新艺术时期"的经典首饰,是关于那个时期设计师、风格、材料、典型作品等的非常好的资料。

编号	封面	书名	作者	出版社	说明
34		**Rene Lalique Exceptional Jewellery 1890–1912**	Dany Sautot, Yvonnemmer	Skira	
35		**Imjperishable Beauty – Art Nouveau Jewelry**	Yvonne Markowitz, Elyse Karlin	MFA blications	
36		**Art Deco Schmuck:** Jackob Bengel- Idar-Oberstein/Germany (Art Deco Jewelry) Bilingual edition	Christianne Weber	rnoldschetalt GMBH	主要搜集"装饰运动"时期的首饰,以德国为主。
37		**Treasures in Gold:** Masterpieces of Jewelry from Antiquity to Modern Times	Gianni Guadalupi	White Star	比较全面地从古董首饰到现代首饰的汇集。
38		**One of a Kind:** American Art Jewelry Today	Susan Lewin	Harry N Abrams	搜集比较现代的一些美国艺术家孤品艺术首饰。

编号	封面	书名	作者	出版社	说明
39		**New Directions in Jewellery 1 & 2**	Jivan Astfalck and Caroline Broadhead & Paul Derrez	Black Dog Publishing	比较前卫的艺术首饰图片及分析文字。
40		**7000 Years of Jewelry International History:** An International History and Illustrated Survey from the Collections of the British Museum	Hugh Tait	Firefly Books	一本大英博物馆收藏的具有7000年历史的首饰历史画卷。

致谢

　　首先感谢国外同行对本书的支持，书中有许多宝贵图片由国外同行慷慨提供，包括作品照片及相关信息。这里要特别感谢的是 Mr. Pat Flynn, Mr. Michael Good, Ms.Lisa Slovis, Ms. Judith Kinghorn, Mr. & Mrs. Jeff and SusanWise , Ms. Anya Kivarkis, Ms. Deborrah Daher 以及她作品的摄影师 Mr.Ralph Gabriner, Ms. Birgit Kupke-peyla, Mr.Ben Neubauer 等，感谢我的美国导师 Lynda LoRoche 教授给予的支持和目前在美留学的我的学弟曹毕飞提供的宝贵作品图片及资料。

　　感谢我的同事成乡老师在写作首饰设计方法与过程章节中拟定基本框架结构，许嘉樱老师在图片拍摄方面付出了辛勤劳动。感谢曾经在我工作室进修的山东大学威海分校的老师王磊基本写定中国首饰发展简史部分；我的研究生黄巍巍女士在学期论文中对西方首饰发展简史做了比较系统的整理，并允许纳入第二章中；另外，我的研究生李桑、袁文娟同学在首饰材料部分以及术语词汇方面做了基础资料整理工作；张妮同学则在校对工作中花了大量时间。其他同学如张雯迪、吕中泉、吴二强、宁小莉等则提供了大量作品图片。

　　感谢上海大学教务处、上海大学美术学院领导对首饰专业教学及本书写作的支持，使得本书的出版有资金、教学和科研的基础做后盾。

　　感谢国内同行的支持，如复旦大学上海视觉艺术学院的宋史坚、江泓老师，山东工艺美术学院的宋处岭老师，南京艺术学院的郑静、王克震、樊进老师，景德镇陶瓷学院的邵长宗老师等。感谢《妆匣遗珍》的作者杭海先生允许使用该书的部分图片。

　　感谢远东珠宝学院的冯大山、夏旭秀老师在宝石方面提供的宝贵资料。

　　最后要感谢的是我的父母，他们一向非常支持我在专业上的发展，他们一直以来的无私奉献、关爱和鼓励是我前进的动力。

　　没有你们的支持，也不会有这本书的出版，再次衷心致谢！

郭　新

2013 年 11 月